学习

Eureka Math®
1级
模块 1

Great Minds PBC is the creator of Eureka Math®,
Wit & Wisdom®, Alexandria Plan™, and PhD Science™.

Published by Great Minds PBC. greatminds.org

Copyright © 2020 Great Minds PBC. All rights reserved. No part of this work may be reproduced or used in any form or by any means—graphic, electronic, or mechanical, including photocopying or information storage and retrieval systems—without written permission from the copyright holder.

ISBN 978-1-64929-245-2

1 2 3 4 5 6 7 8 9 10 CCD 24 23 22 21 20

Printed in the USA

学习·练习·成功

Eureka Math® 的学生教材 A Story of Units®（幼儿园到 5 年级）可以在学习、练习、成功三合一课程中取得。本系列支持差异学习和辅导，同时保持学生教材条理清晰且易于使用。教育人员会发现学习、练习 和成功系列还具备连贯性的介入响应模式（Response to Intervention / RTI），因此学习更有效率，并提供额外练习和夏季学习资源。

学习

Eureka Math 学习可作为学生展示自己的想法、分享他们知道的内容、看着他们每天累积知识的课堂伙伴。学习通过容易存放和浏览的书册集合了每日的课堂作业——应用问题、退出票、问题集、模版。

练习

每堂 Eureka Math 课程从一系列充满活力、欢乐的掌握度活动开始进行，包括 Eureka Math 练习的内容。精通数学的学生可以更深入地掌握更多教材。通过练习，学生将掌握新习得的技能，并加强以前的学习，为下一堂课做准备。

学习和练习提供学生用于核心数学教学所需的所有印刷教材。

成功

Eureka Math 成功让学生可以独自学习并精通内容。每一课的额外问题集都与课堂的教学一致，因此非常适合当作家庭作业或额外练习。每个问题集都伴随一个家庭作业助手，它是一组说明如何解决类似问题的练习例题。

老师和导师可以使用前一年级的成功课本作为课程一致性的工具，以填补基础知识的落差。随着熟悉的模式促进与当前年级内容的联结，学生将能更快地成长与进步。

学生、家庭和教育人员：

谢谢您加入 *Eureka Math*® 社区，我们在此赞扬数学的乐趣、美好和震撼。

通过丰富的经验和对话，新的学习会在 *Eureka Math* 的课堂中获得启发。学习课本将学生所需的提示和问题顺序交到他们的手中，以展现并巩固他们在课堂里的学习。

学习课本里有什么内容？

应用问题： 解决现实世界脉络的问题是 *Eureka Math* 日常教学的一部分。学生在各种全新的情况下运用他们的知识，可建立信心和毅力。本课程鼓励学生使用 RDW 流程——阅读问题，画图以理解问题，并写出算式和解题方法。当学生分享他们的作业并互相解释他们的解题策略时，教师会提供帮助。

问题集： 精心安排的问题集让学生有机会能在课堂上进行独立作业，并提供多种不同的切入点。老师可以使用"准备和定制"流程为每个学生选择"必须做"的题目。某些学生会比其他人完成更多题目；重要的是，通过老师稍微的提点，所有学生都有 10 分钟的时间立即练习所学内容。

学生将问题集带到每堂课的高峰点——学生汇报。在此学生会与同学和老师进行反思，说明并强化他们当天有疑问、注意到和学习到的东西。

退出票： 学生通过每日的退出票向老师展示他们的知识。这项理解程度的检查为老师提供了当天教学成果的珍贵实时证据，进而为下一次的教学重点提供重要的洞见。

模板： 有时，"应用问题"、"问题集"或其他课堂活动要求学生拥有自己的图片副本、可重复使用的模型或数据集。这些模版会在需要用到的第一堂课提供。

在哪里可以了解更多 Eureka Math 的资源？

Great Minds® 团队致力于通过不断扩充的资源库为学生、家庭和教育人员提供强有力的支持，请访问：eureka-math.org 。该网站还在尤里卡数学社区提供了一些令人振奋的成功案例。通过成为尤里卡数学优胜者与其他用户分享您的见解和成就。

祝福您一整年都充满着灵光乍现的时刻！

吉尔·迪尼兹（Jill Diniz）
数学总监
Great Minds

读–画–写流程

Eureka Math 课程让老师通过简单且可重复的教学流程支持学生解决问题。读–画–写(RDW)流程要求学生

1. 阅读问题。
2. 画图与标记。
3. 写出算式。
4. 写出句子(陈述)。

本课程鼓励教育人员加入以下问题来加强教学流程,例如:

- 你看到了什么?
- 你能画点东西吗?
- 你可以从图画中得出什么结论?

通过这种系统性与开放性的方法,学生参与问题推理的程度越深,他们就越能将思考过程内化吸收,并且在未来更能直觉性地应用这些技能。

内容

模块 1：10 以内的加减

主题 A：嵌入的数字和分解

第1课 1

第2课 9

第3课 15

主题 B：从嵌入的数字开始数

第4课 23

第5课 31

第6课 39

第7课 51

第8课 61

主题C：加法文字问题

第9课 67

第10课 75

第11课 81

第12课 87

第13课 93

主题 D：计数的策略

第14课 99

第15课 105

第16课 111

主题E：加法的共同特性和等号

第17课 117

第18课 123

第19课 129

第20课 135

主题F：发展 10 以内的加法掌握度

第21课 141

第22课 149

第23课 155

第24课 163

主题G：减法作为未知加数问题

第25课 169

第26课 177

第27课 185

主题H：减法文字问题

第28课 191

第29课 197

第30课 203

第31课 209

第32课 215

主题一：减法分解策略

第33课 221

第34课 227

第35课 233

第36课 239

第37课 245

主题J：发展 10 以内的减法掌握度

第38课 251

第39课 261

单位的故事　　　　　　　　　　　　　　　　　　　第一课应用问题　1•1

读

Dora 看到了 5 片叶子从窗户飘进来。然后，她又看到另外 2 片叶子飘进来。请画图并用数字说明 Dora 总共看到了多少片叶子。

画

第一课：　用 5-群组和数字链来分析和描述嵌入的数字（到10）。

写

_____

_____

_____

姓名 _____   日期 _____

圈出 5 个，然后建立一个数字链。

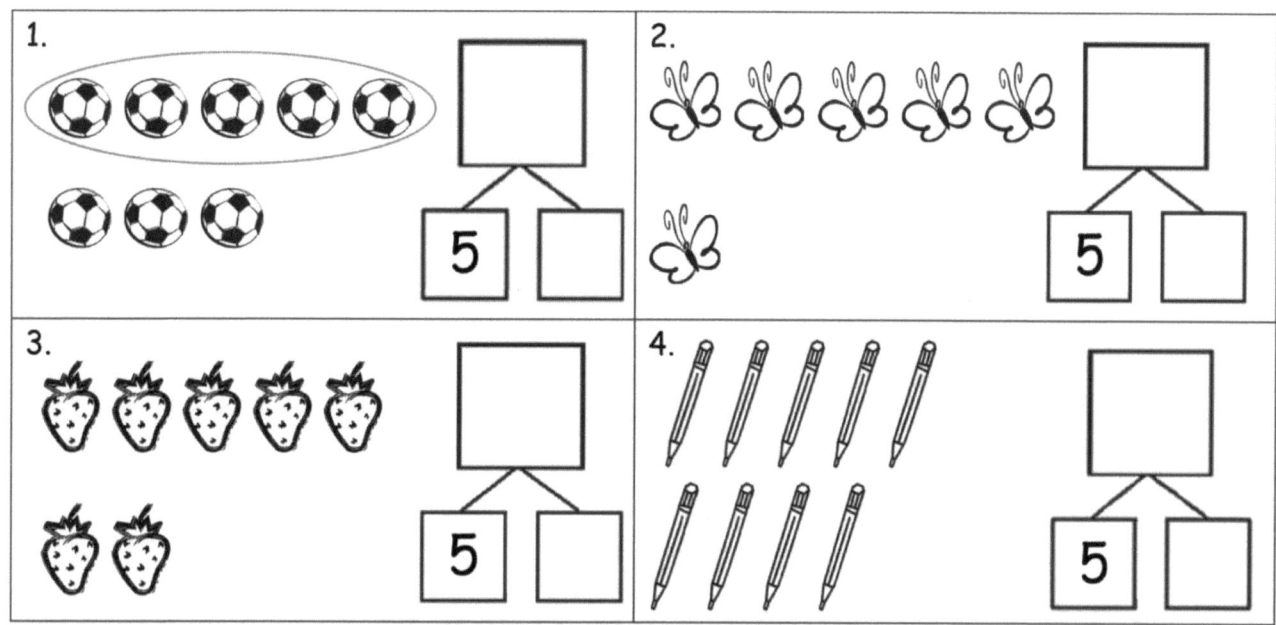

从左到右把指甲油涂在图片显示的指甲数目上。然后把数字填入分解框。让一个分解框显示一只手的指甲数。

5.

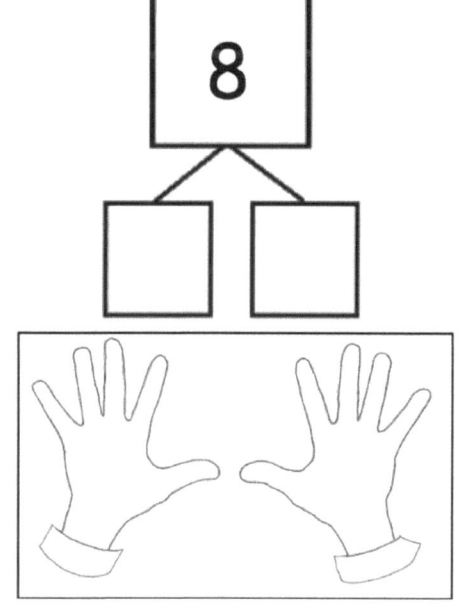

6.

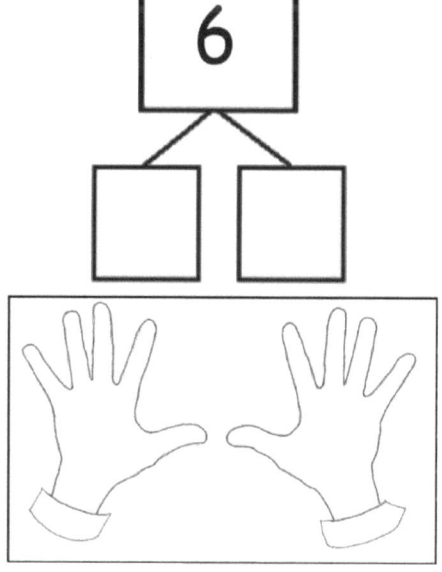

第一课： 用 5-群组和数字链来分析和描述嵌入的数字（到10）。

制作一个数字链以显示 5 作为一个部分。

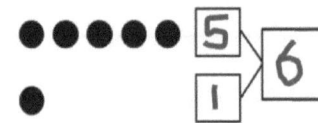

7.

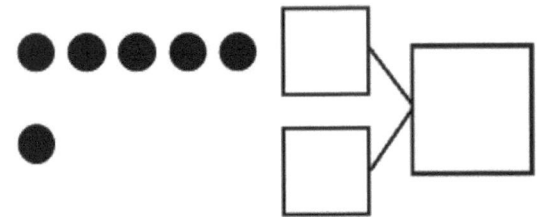

8.

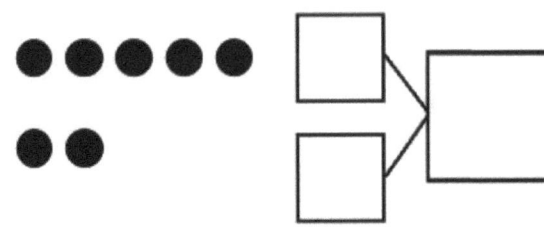

9.

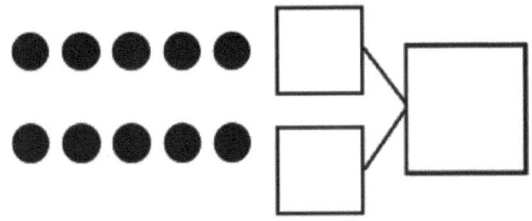

10.

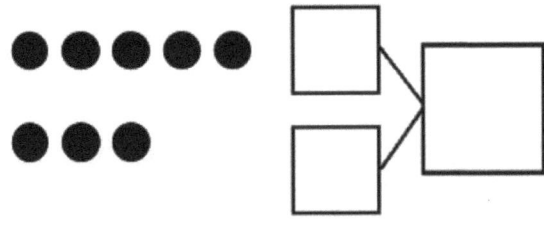

11.

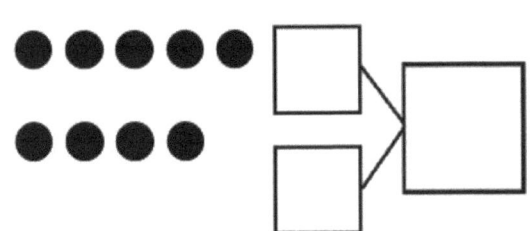

12.

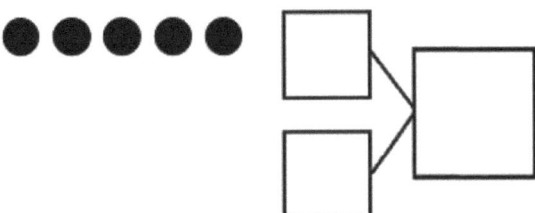

姓名 _____ 日期 _____

为图画制作数字链以显示 5 作为一个部分。

1.
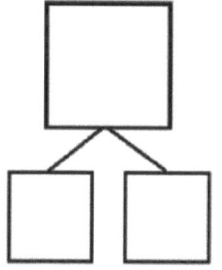

2.
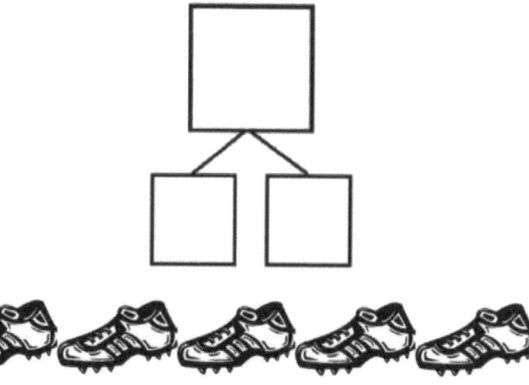

第一课: 用 5-群组和数字链来分析和描述嵌入的数字 (到10)。

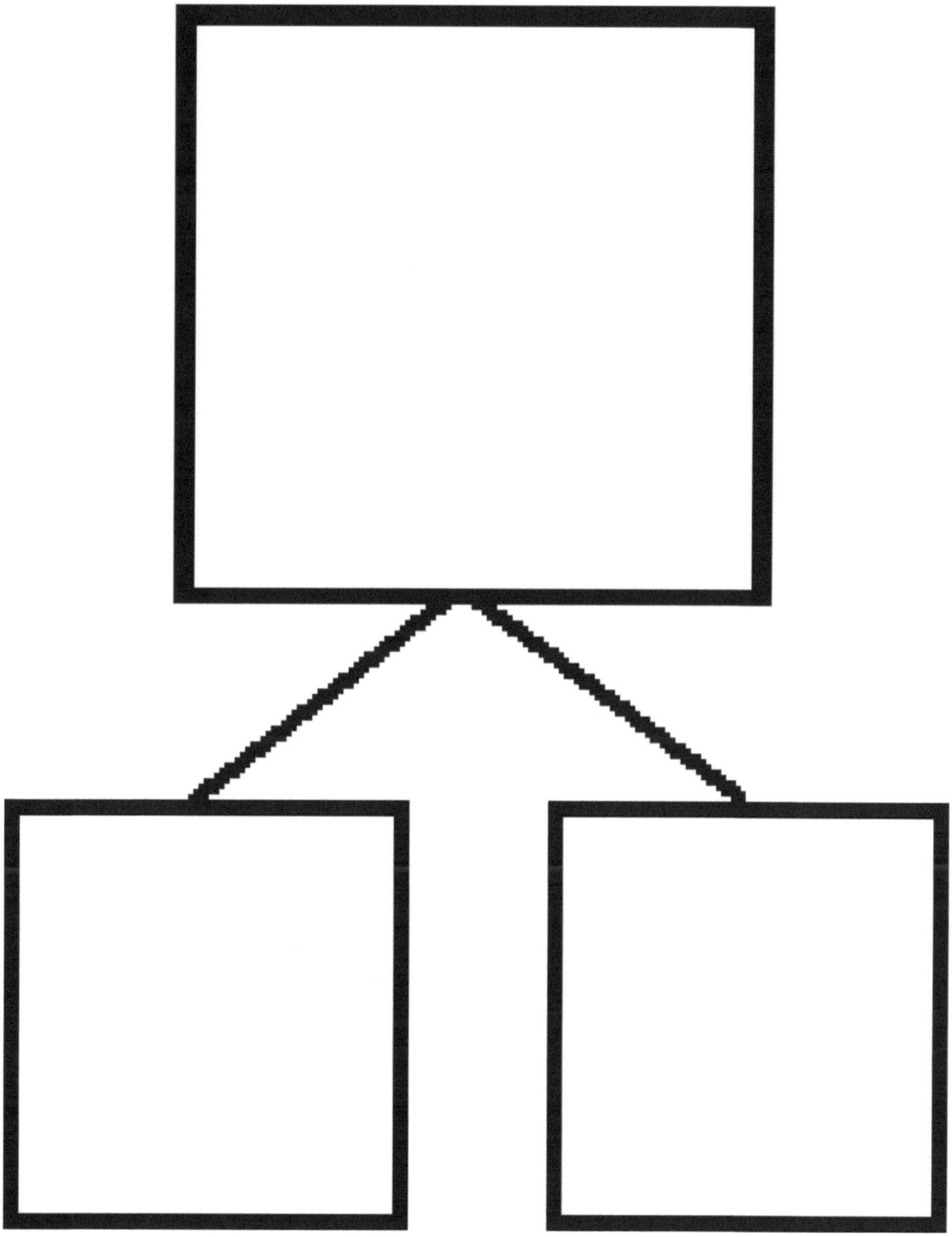

数字链

第一课: 用 5-群组和数字链来分析和描述嵌入的数字（到10）。

单位的故事　　第二课应用问题　1·1

读

Bella 掉了一些铅笔在地毯上。Geno 帮她把铅笔捡起来。Geno 在书桌下找到了 5 根铅笔，Bella 在门旁找到了 4 根铅笔。他们总共找到了几根铅笔？

画一张数学图，然后写一个数字链和一个算式来描述这个故事。

画

第二课：　用数字链解释各种排列里嵌入的数字。

写

他们找到 ▯ 根铅笔。

姓名 _____ 日期 _____

把你看到的 2 个部份圈起来。建立一个匹配的数字链。

1.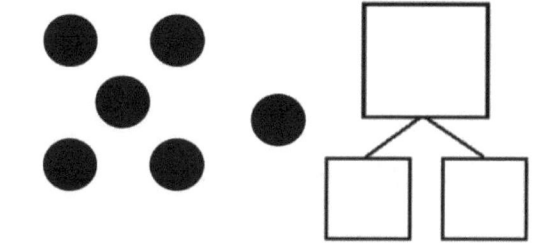

2.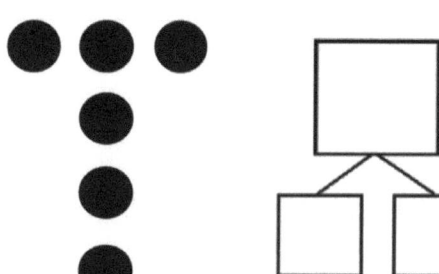

3.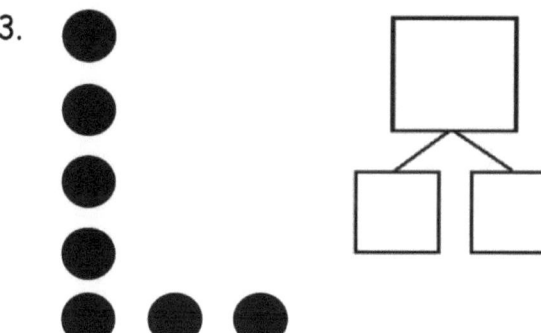

4.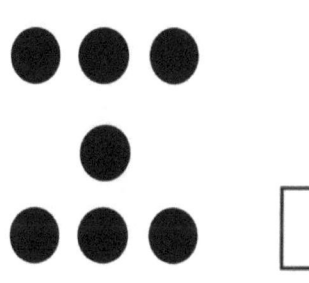

5.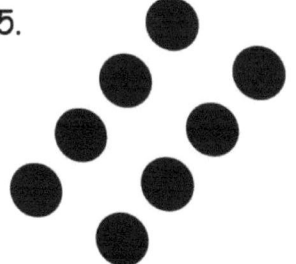

6.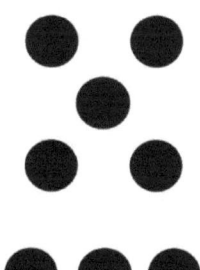

第二课: 用数字链解释各种排列里嵌入的数字。

7.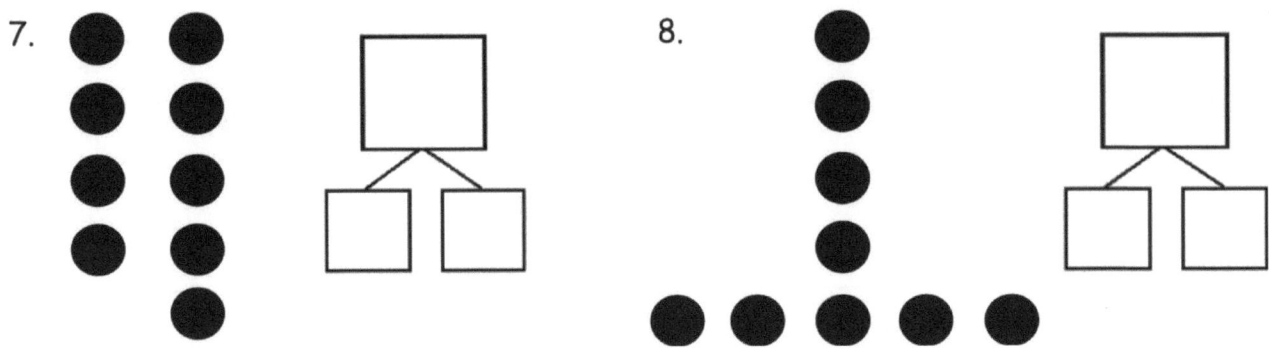

8.

9. 你看到几个水果？至少写出 2 种不同的数字链来表示分解总数的不同方式。

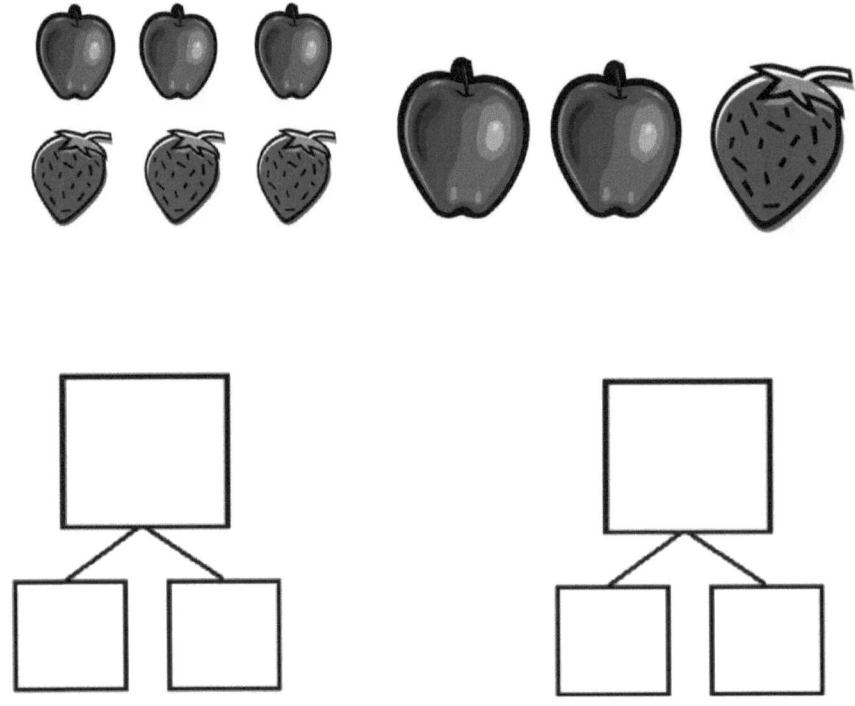

姓名 _____ 日期 _____

把你看到的 2 个部份圈起来。建立一个匹配的数字链。

1.
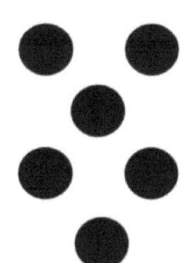 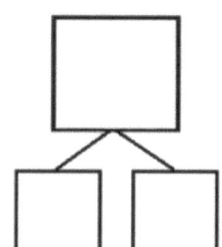

2.
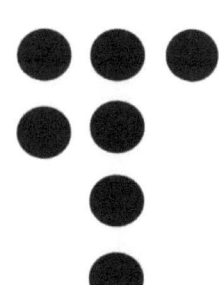 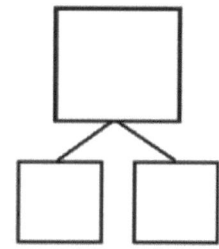

3.
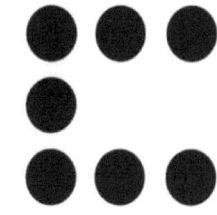 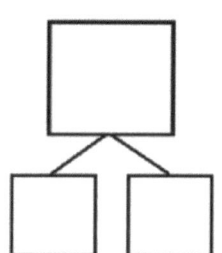

4.
 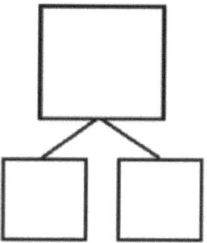

单位的故事　　第三课应用问题　1·1

读

Alex 手上有 9 颗弹珠。他把双手藏在背后，把一些弹珠放在一只手，另一些放在另一只手。每一只手可能有几颗弹珠？

用图画或数字来画一个数字链来表示你的想法。

画

第三课：　用 5-群组的排列观察和描述东西再多 *1* 个的数量。

写

_____

_____

_____

第三课: 用 5-群组的排列观察和描述东西再多 *1* 个的数量。

单位的故事　　　　　　　　　　　　　　　　　　　　　第三课问题集　1•1

姓名 _____　　日期 _____

在 5-群组多画一个数字链。在空格写下数量来描述新的图。

1.

1加上7等于 _____.

7 + 1 = _____

2.

1加上9等于 _____.

9 + 1 = _____

3.

1加上6等于 _____.

6 + 1 = _____

4.

1加上5等于 _____.

5 + 1 = _____

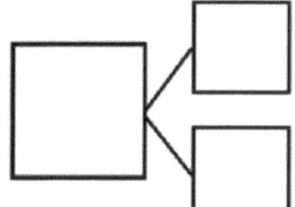　　　　　　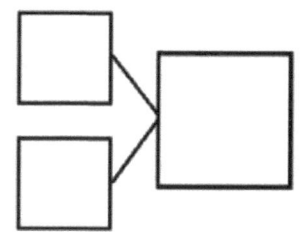

第三课：　用 5-群组的排列观察和描述东西再多 1 个的数量。

17

5.

1加上8等于 _____.

8 + 1 = _____

6.

_____ 等于1加上7

_____ = 7 + 1

7.

_____ 等于1加上6

_____ = 6 + 1

8.

_____ 等于1加上5

_____ = 5 + 1

9. 想象在图片里多加 1 个背包。然后写下数量以匹配最后会有几个背包。

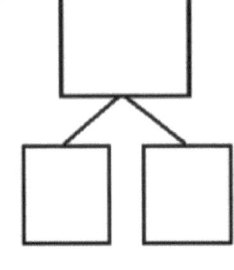

1加上7等于 _____.

_____ + 1 = _____

单位的故事　　　　　　　　　　　　　　　　　　　　　　　　第三课退出票　　1•1

姓名 _____　　　　日期 _____

你看到几个东西？多画 1 个。现在有几个东西？

1.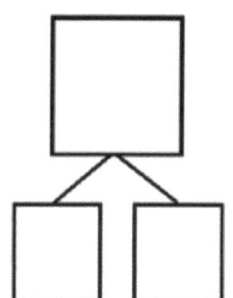

_____ 等于1加上9

9 + 1 = _____

2.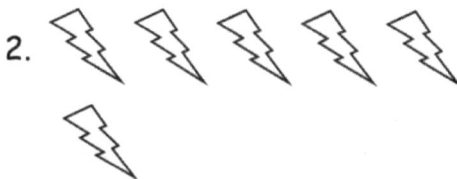

1加上6等于 _____.

_____ + 1 = _____

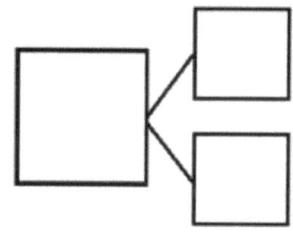

第三课：　用 5-群组的排列观察和描述东西再多 *1* 个的数量。

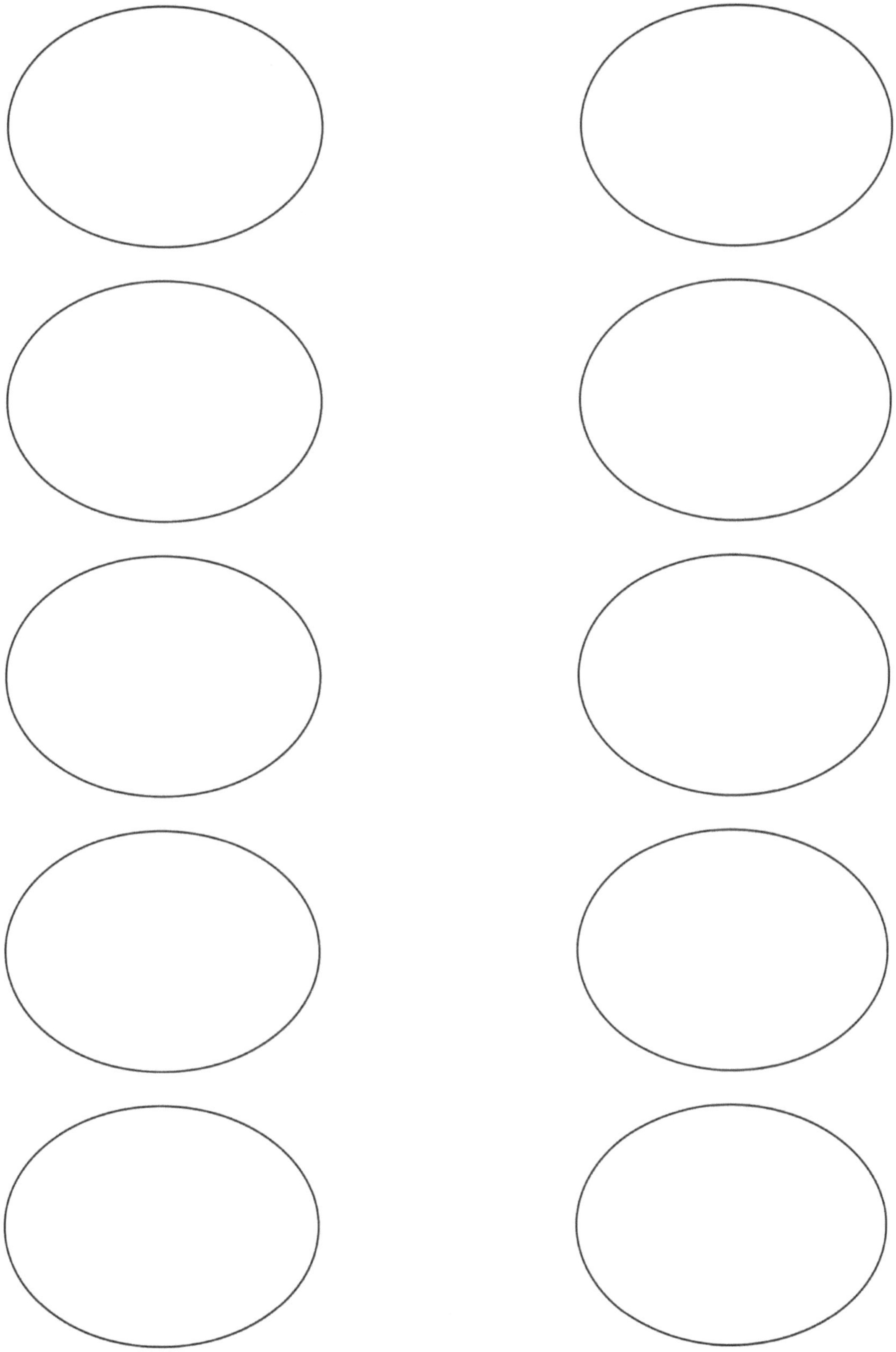

单位的故事　　　　　第三课模版 2　　1•1

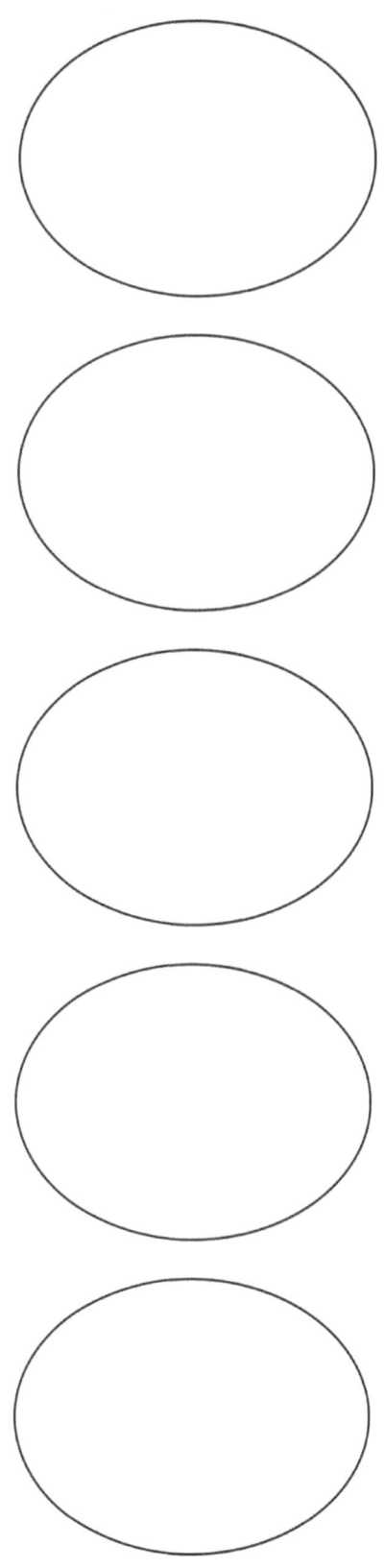

5-群组垫

第三课：　用 5-群组的排列观察和描述东西再多 *1* 个的数量。

读

我们班有 4 颗南瓜。星期一 Marta 带来了另 1 颗南瓜。

星期一我们班有几颗南瓜？

星期二 Beto 带来了另 1 颗南瓜。星期二我们班有几颗南瓜？

然后，星期二 Shea 带来了另 1 颗南瓜。星期三我们班有几颗南瓜？

画张图并写下算式来表示你的想法。你注意到每天都发生了什么事？

延伸练习： 如果这种模式继续下去，星期五我们班会有几颗南瓜？

单位的故事 | 第四课应用问题 1·1

画

写

第四课： 代表放在一起数字键的情况。依靠一个嵌入式数字或部分数字,总计6和7,并生成所有每个总计的加法表达式。

单位的故事

第四课问题集 1•1

姓名 _____   日期 _____

算出 6 的方式。

用苹果图片来帮助你写出组成 6 的所有不同方式。

第四课： 代表放在一起数字键的情况。依靠一个嵌入式数字或部分数字,总计6和7,并生成所有每个总计的加法表达式。

25

姓名 _____   日期 _____

表示组成 6 的不同方式。把每一组的一些圆圈图黑，其他的留白。

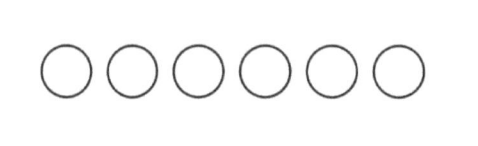

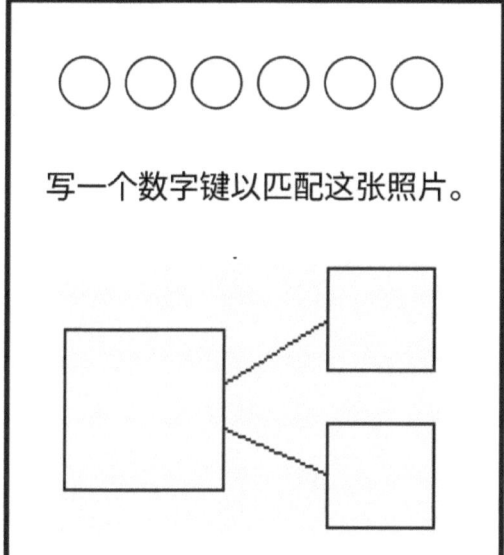

写一个数字键以匹配这张照片。

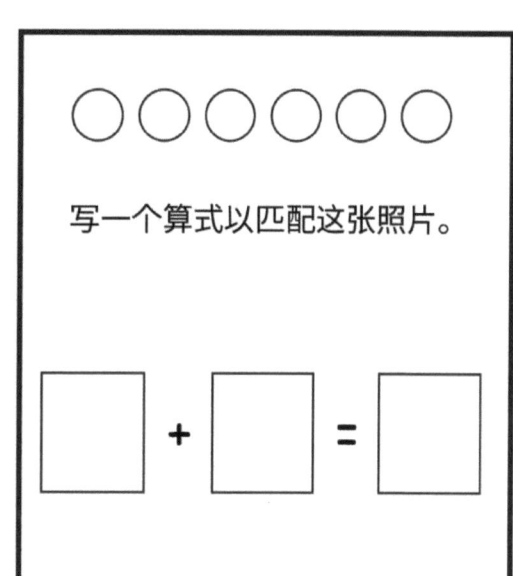

写一个算式以匹配这张照片。

单位的故事　　　　　　　　　　　　　　　　　　　　　　　　　　　　第四课模版　1•1

6 张苹果图片卡

第四课：　代表放在一起数字键的情况。依靠一个嵌入式数字或部分数字，总计6和7，并生成所有每个总计的加法表达式。

读

Marcus 有 6 颗糖果。他决定给他的妈妈一些，自己留一些。

用图画和数字表示两种 Marcus 分 6 颗糖果的方式。

画

写

_____

_____

_____

第五课： 代表放在一起数字键的情况。依靠一个嵌入式数字或部分数字，总计6和7，并生成所有每个总计的加法表达式。

姓名 _____ 日期 _____

算出 7 的方式。 用教室图片来帮助你写出表达式和数字链以表示组成 7 的所有不同方式。

单位的故事 　　　　　　　　　第五课退出票　1·1

姓名 _____　　日期 _____

给两颗可以组成 7 的骰子上色。然后，在数字链和算式填写数字以匹配你上色的骰子。

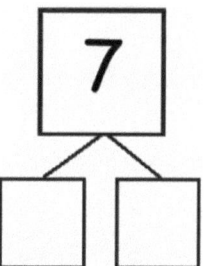

☐ ⊕ ☐ = 7　　　7 = ☐ ⊕ ☐

☐ ⊕ ☐ = 7　　　7 = ☐ ⊕ ☐

第五课：　代表放在一起数字键的情况。依靠一个嵌入式数字或部分数字，总计6和7，并生成所有每个总计的加法表达式。

7 张儿童图卡

第五课: 代表放在一起数字键的情况。依靠一个嵌入式数字或部分数字, 总计6和7, 并生成所有每个总计的加法表达式。

单位的故事　　　　　　　　　　　　　　第六课应用问题　1•1

读

Tom 有 4 辆红色汽车和 3 辆绿色汽车。Dave 有 5 辆红色汽车和 2 辆绿色汽车。Dave 觉得他的汽车比 Tom 多。Dave 对吗?

画一张图来表达你如何知道。写一个数字键以表示每个男孩拥有的汽车组。

画

第六课：　代表放在一起数字键的情况。依靠一个嵌入的数字或部分数字, 总计8和9, 并生成所有每个总计的表达式。

单位的故事　　　　　　　　　　　　　　　　　　第六课应用问题

写

_____

_____

_____

第六课：　代表放在一起数字键的情况。依靠一个嵌入的数字或部分数字，总计8和9，并生成所有每个总计的表达式。

单位的故事　　　　　　　　　　　　　　　　　　　第六课问题集　1•1

姓名 _____　　　日期 _____

圈出部分。用图片和数字链计数以表式 8。写出表达式。

圈出7　[图：圈出7个方块，共8个]　8 ← 7 / 1　　1 + 7　　7 + 1

1. 圈出 6。6 变成 8 还需要几个？

   [6个笑脸图，下方3个笑脸] 8 ← 6 / □　　□ + □　　□ + □

2. 圈出 5。5 变成 8 还需要几个？

   [5个云朵图，下方3个云朵] 8 ← □ / □　　□ + □　　□ + □

3. 圈出 4。4 变成 8 还需要多少个？

   [3个三角形，3个三角形，2个三角形] □ ← □ / □　　□ + □　　□ + □

第六课：　代表放在一起数字键的情况。依靠一个嵌入的数字或部分数字, 总计8和9, 并生成所有每个总计的表达式。

41

4. 这些数字链的顺序是从最大的部分开始的。写出数字以表示缺少哪个数字链。

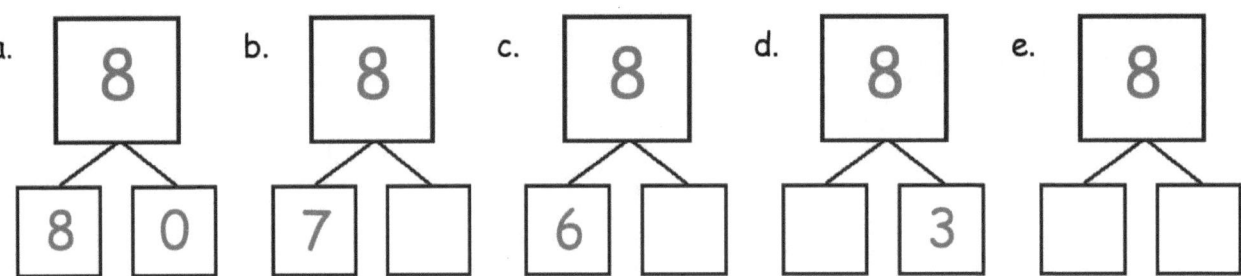

5. 用表达式写出 8 的数字链，并画成图。

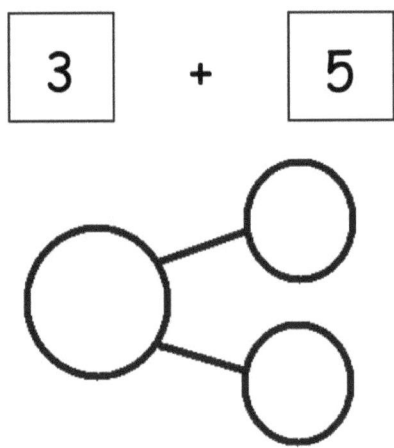

6. 用表达式写出 8 的数字链，并画成图。

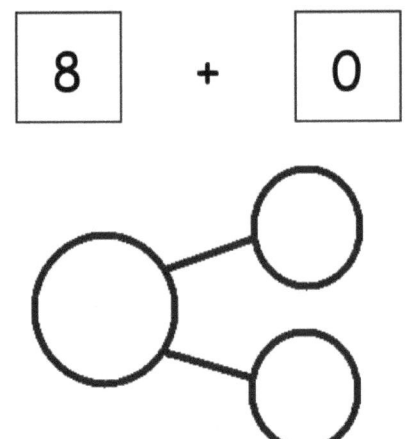

单位的故事 第六课退出票 1•1

姓名 _____ 日期 _____

填写数字链缺少的部分，然后计数以算出总数。然后，为每一个数字链写 2 个额外的加法算式。

1.

2.

第六课： 代表放在一起数字键的情况。依靠一个嵌入的数字或部分数字，总计8和9，并生成所有每个总计的表达式。

| 单位的故事 | 第六课模版 1 | 1•1 |

8 张动物图卡

第六课: 代表放在一起数字键的情况。依靠一个嵌入的数字或部分数字, 总计8和9, 并生成所有每个总计的表达式。

45

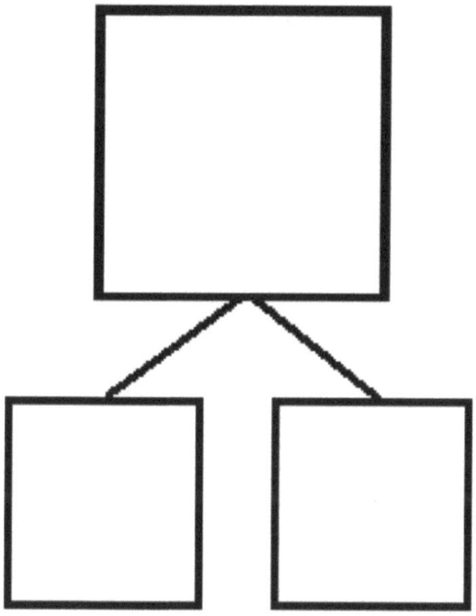

单位的故事

□ = □ □ ⊕ □

空白算式和数字链

第六课：代表放在一起数字键的情况。依靠一个嵌入的数字或部分数字,总计8和9,并生成所有每个总计的表达式。

单位的故事　　　　　　　　　　　　　　　　　　　　　　　　第六课模版 3

姓名 _____　　日期 _____

使用5组卡片帮助您书写表达式和数字链，以显示组成8的所有不同方法。

组成 8 的方法

第六课：　代表放在一起数字键的情况。依靠一个嵌入的数字或部分数字，总计8和9，并生成所有每个总计的表达式。

单位的故事　　　　　　　　　　　　　　　第七课应用问题　　1•1

读

Jenny在花瓶里有8朵花。花有两种不同的颜色。绘制图片以显示花瓶和花朵的样子。写一个数字句子和一个数字链以匹配您的图片。

画

第七课：　代表放在一起数字键的情况。依靠一个嵌入的数字或部分数字,总计8和9,并生成所有每个总计的表达式。

写

第七课: 代表放在一起数字键的情况。依靠一个嵌入的数字或部分数字,总计8和9,并生成所有每个总计的表达式。

姓名 _____ 日期 _____

圈出部分。
使用图画和
数字链来计
数以显示 9。
写表达式。

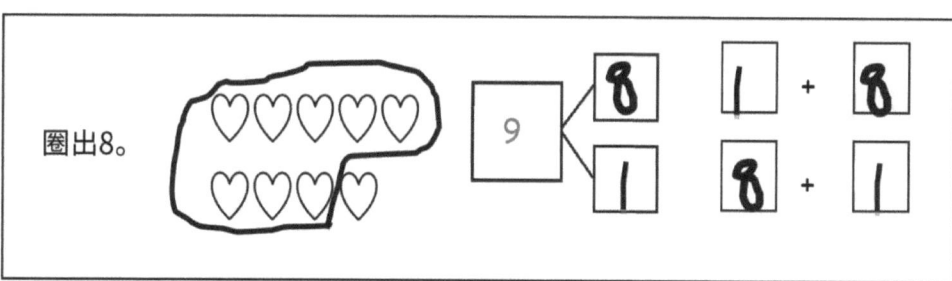

1. 圈出7。7变成9还需要多少个？

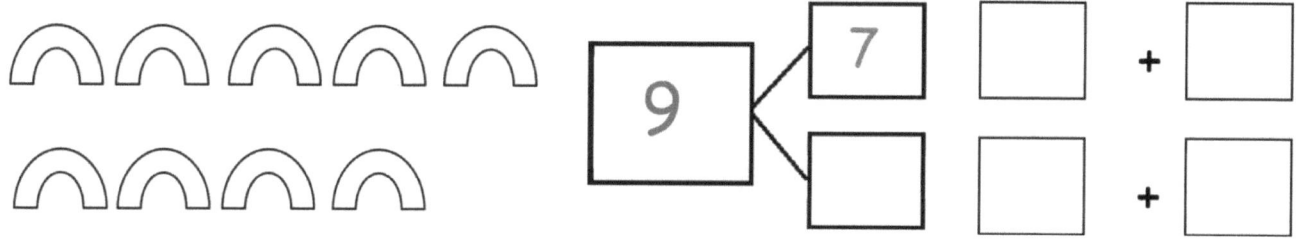

2. 圈出4。4变成9还需要多少个？

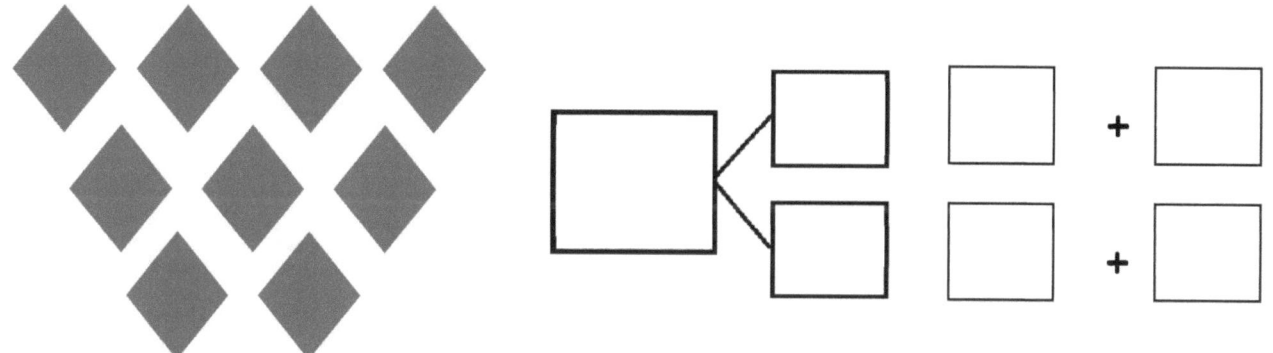

3. 圈出3。3变成9还需要多少个？

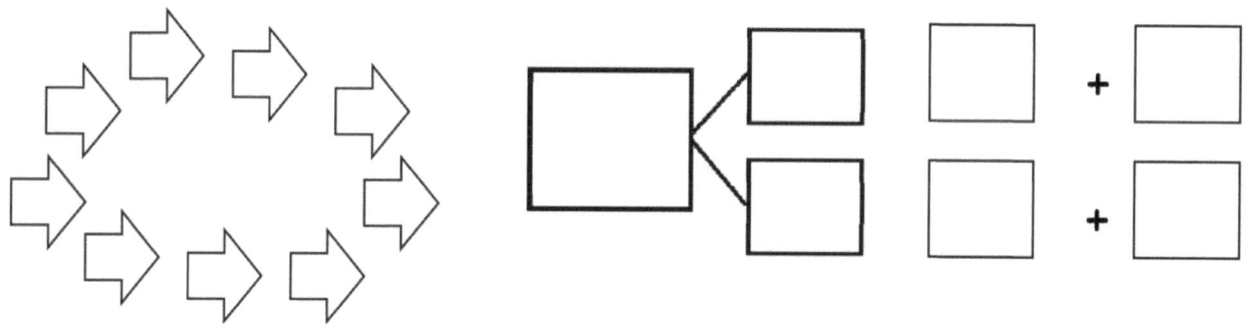

第七课： 代表放在一起数字键的情况。依靠一个嵌入的数字或部分数字, 总计8和9, 并生成所有每个总计的表达式。

4. 画一条线以显示9的伙伴。

a. 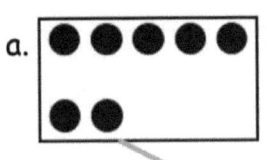 b. 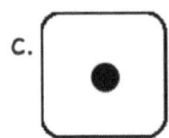 c.  d. 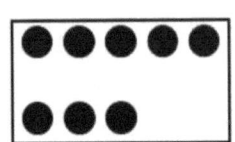 e.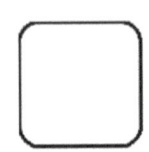

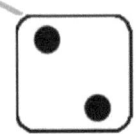  

5. 为每个9的伙伴写一个数字链。请使用上面的伙伴寻求帮助。

a. 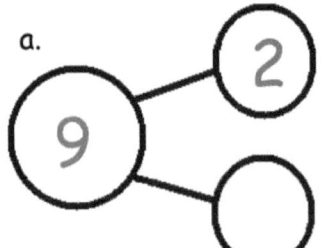 (9, 2)

b.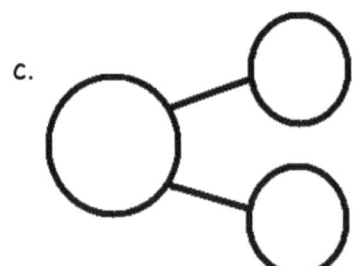

c.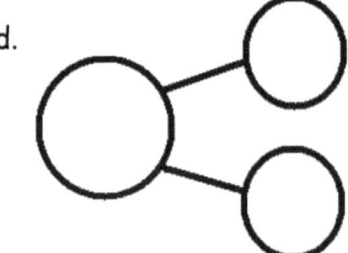

d.

e.

写一些算式来匹配这个数字链！

☐ + ☐ = ☐

☐ + ☐ = ☐

姓名 _____   日期 _____

1. 圈选成9的数字对。

2. 完成数字链以显示组成 9 的 2 种不同方法。

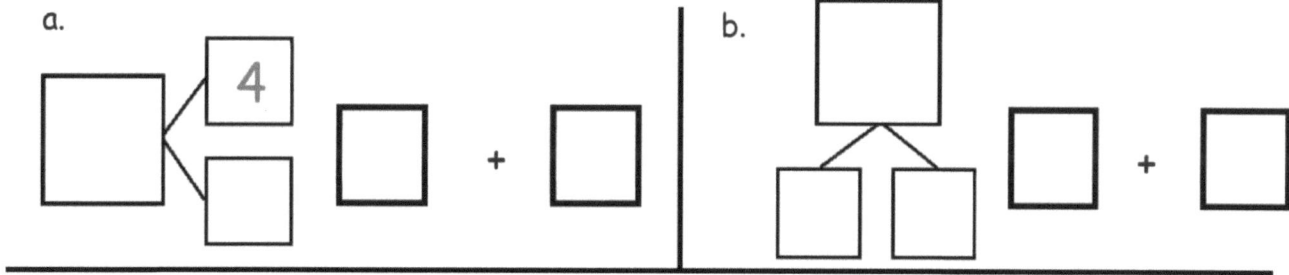

| 单位的故事 | 第七课模板 1 | 1•1 |

9本书图片卡

第七课： 代表放在一起数字键的情况。依靠一个嵌入的数字或部分数字,总计8和9,并生成所有每个总计的表达式。

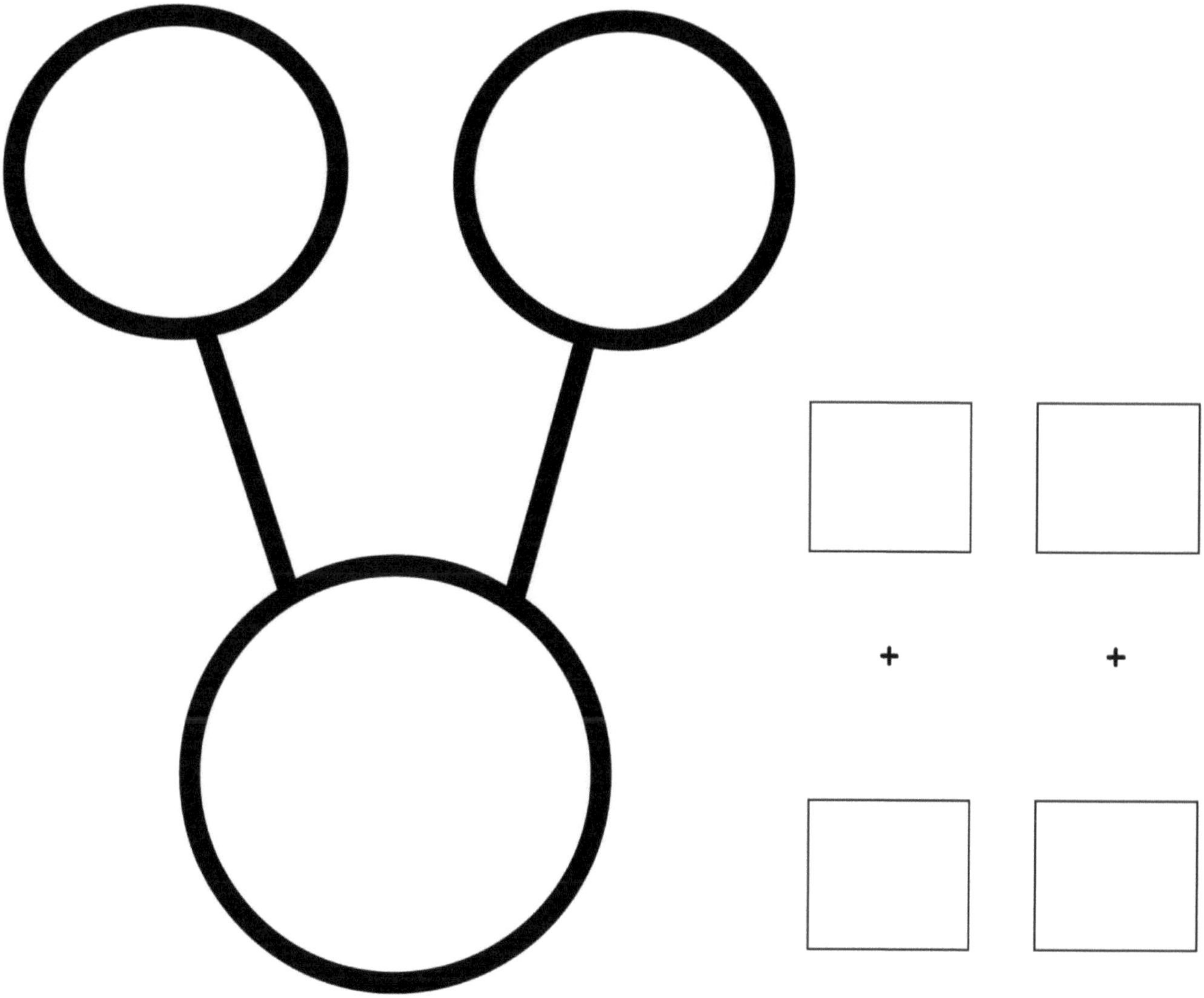

单位的故事 第七课模板 2 1•1

数字键和表达式

第七课: 代表放在一起数字键的情况。依靠一个嵌入的数字或部分数字，总计8和9,并生成所有每个总计的表达式。

读

Rayden在学校收到9张贴纸。早上他收到了5张贴纸。他下午收到了几张贴纸？画一张图，一个数字链和一个算式以显示您是如何知道的。

画

写

Rayden 在下午收到 ▢ 张贴纸。

单位的故事　　　　　　　　　　　　　　　　　　　　　第八课问题集　1•1

姓名 _____　　　日期 _____

1. 用您的手镯显示10的不同的伙伴。然后,把珠子画出来。写一个匹配的表达式。

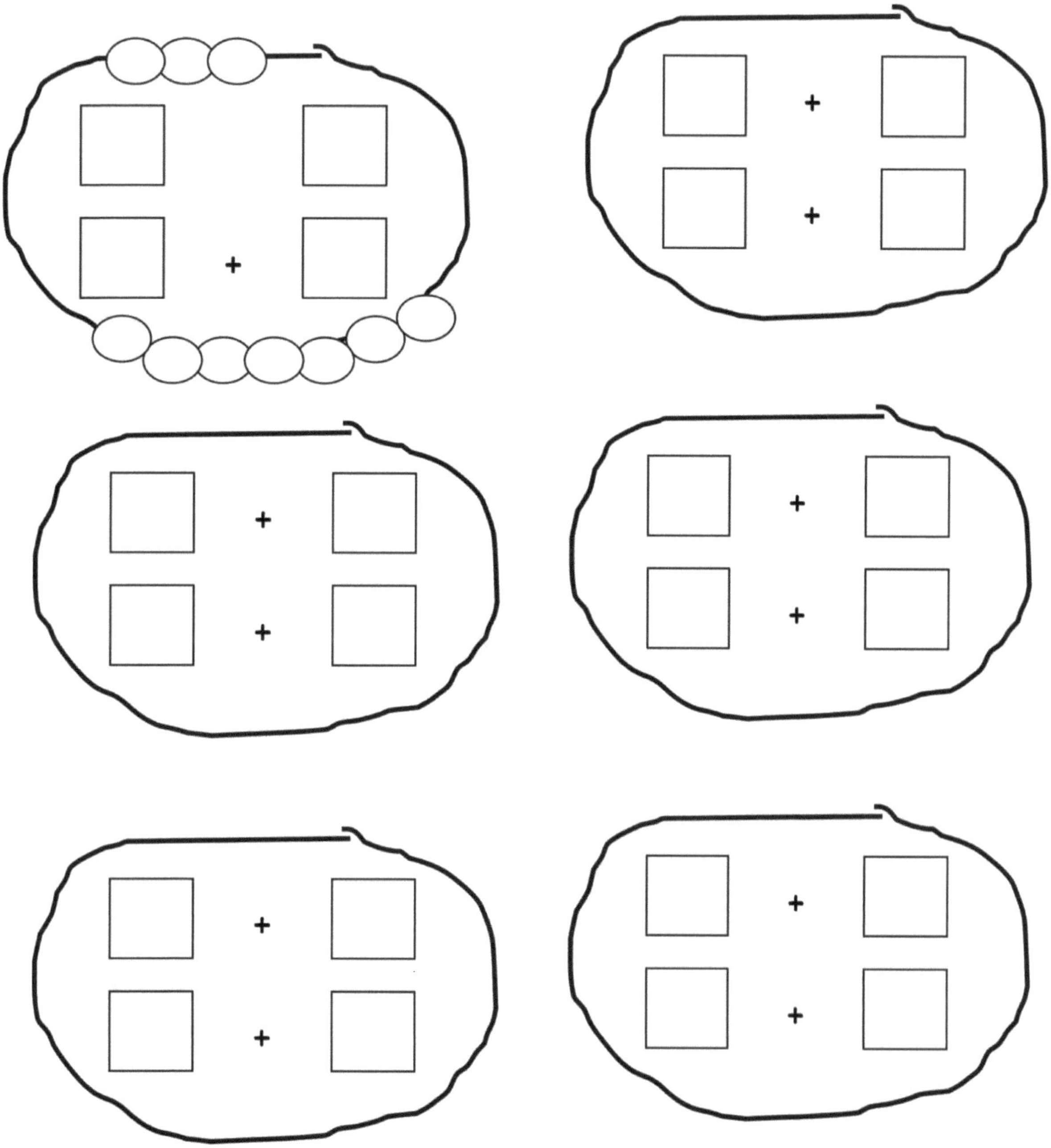

第八课：表示 10 的所有数字对作为一个给定情境的数字链,并生成等于10的所有表达式。

2. 匹配10的伙伴。然后，为每个伙伴写一个数字链。

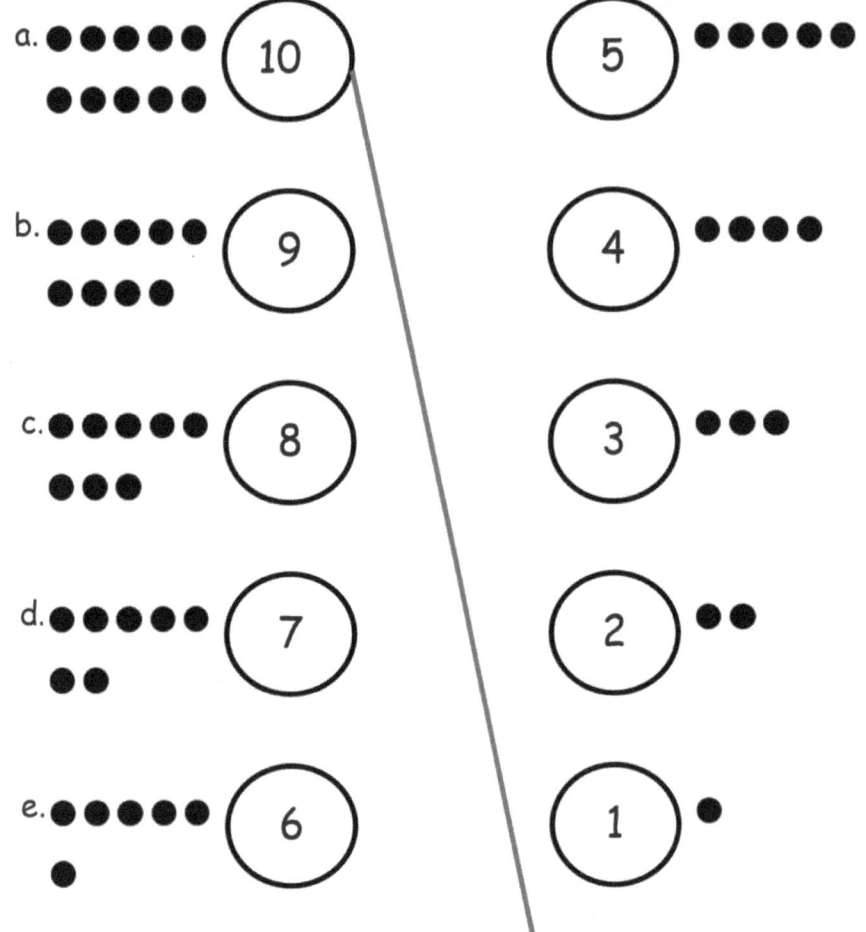

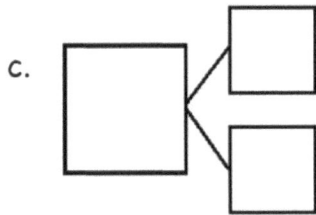

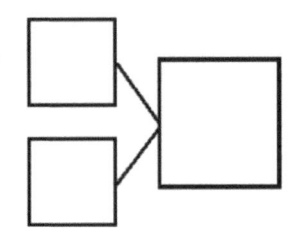

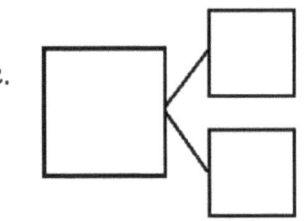

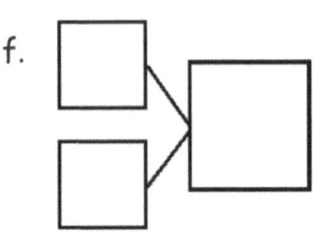

3. 为具有2个相同部分的数字链上色。写下加法句以匹配该数字链。

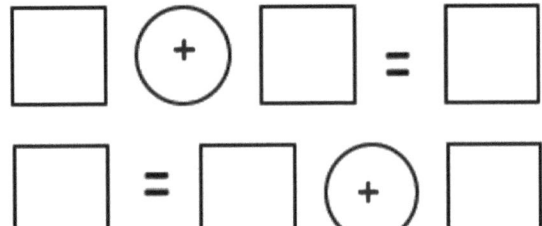

单位的故事   第八课退出票 1•1

姓名 _____   日期 _____

在组成 10 的伙伴上涂颜色。

7 •••   •••• 6   8 ••

6 •••   1 9   5 4

第八课： 表示 10 的所有数字对作为一个给定情境的数字链，并生成等于10的所有表达式。

| 单位的故事 | 第九课应用问题 | 1•1 |

读

Kira制作了一个数字手链,上面总共有10个珠子。到目前为止,她已放上3条红色珠子。她需要在手镯上添加多少个珠子?

用图画和算式说明您的想法。

画

第九课: 通过绘画、写等式和写出解决方案陈述来解决加数而未知结果与相加而未知结果的数学故事。

写

Kira 需要添加 ⬜ 颗珠子。

单位的故事　　　　　　　　　　　　　　　　　　　　　　　　第九课问题集　1•1

姓名 _____　　　日期 _____

1.

☐　+　☐　=　☐

_____ 球在这里。　　　_____ 个球滚过来。　　　现在, 有 _____ 个球。

制作一个数字链以匹配故事。

2.

☐　+　☐　=　☐

_____ 只青蛙在这里。　　　_____ 只青蛙跳过来。　　　现在, 有 _____ 只青蛙。

制作一个数字链以匹配故事。

第九课：通过绘画、写等式和写出解决方案陈述来解决加数而未知结果与相加而未知结果的数学故事。

69

3

有_____面深色旗。 ＋ 有___面白旗。 ＝ 总共有____面旗。

制作一个数字链以匹配故事。

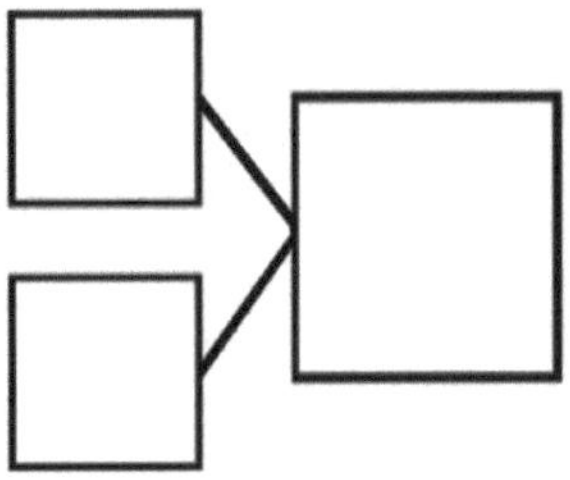

4

有_____朵白花。 ＋ 有___朵暗花。 ＝ 一共有____朵花。

制作一个数字链以匹配故事。

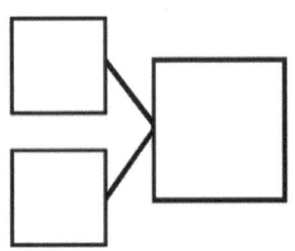

单位的故事　　　　　　　　　　　　　　　　　　　　　　　第九课退出票　　1•1

姓名 _____　　　　　日期 _____

画一幅画并写一个算式以匹配故事。

Ben有3个红球并得到5个绿球。他现在有几个球？

☐ + ☐ = ☐　　　　　　Ben有_____个球。

第九课： 通过绘画、写等式和写出解决方案陈述来解决加数而未知结果与相加而未知结果的数学故事。

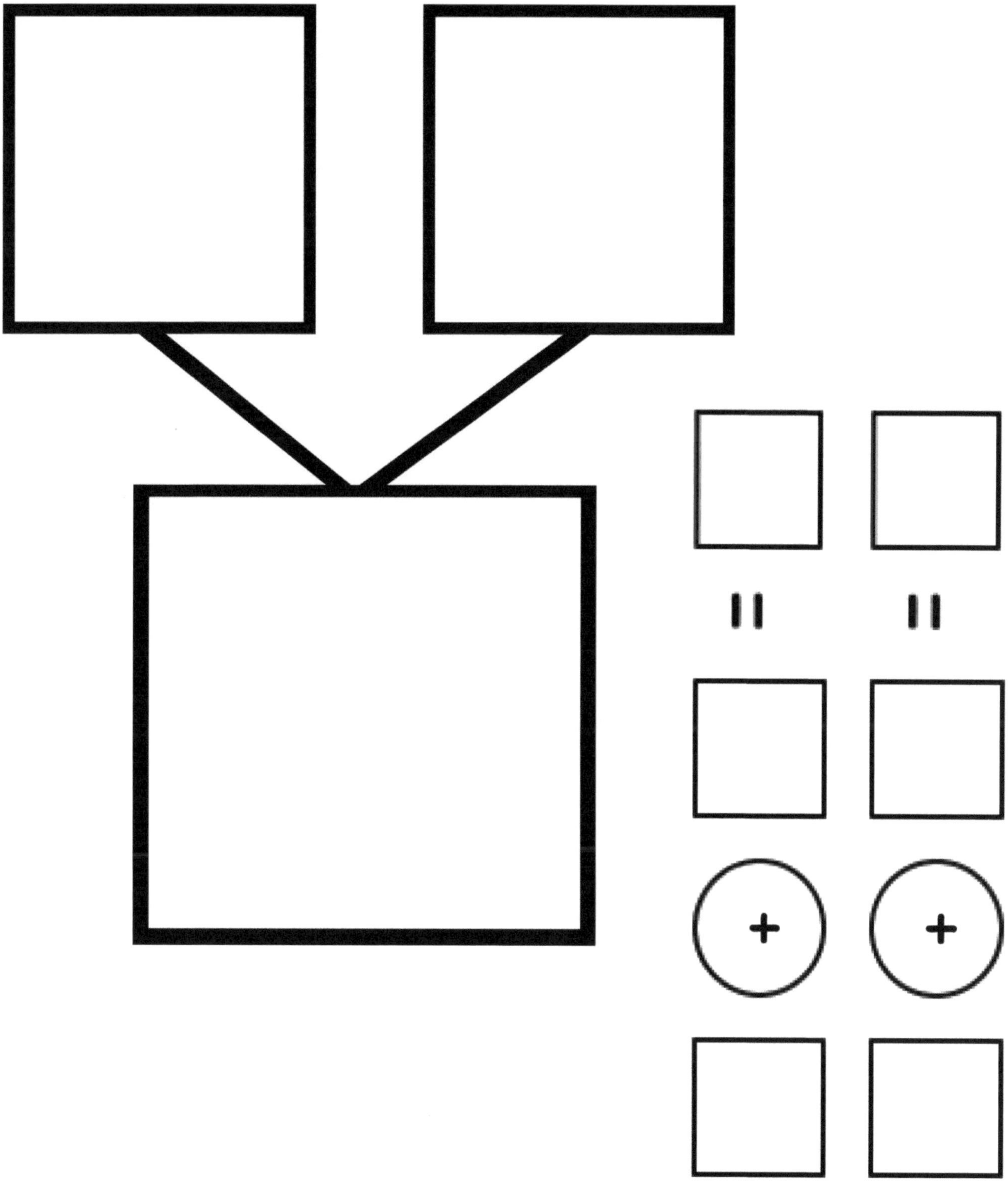

单位的故事　　　　　　　　　　　　　　　　　第九课模板　1•1

数字链和两个空白等式

第九课：解决添加到结果未知和与结果放在一起未知通过绘画，编写方程式和制作数学故事解决方案的陈述。

读

全班正在收集罐头食品,以帮助有需要的人。老师带来了3罐来开始收集。

星期一,Becky带来了2罐。周二,Talia带来了2罐。周三,Brendan带来了2罐。

每天结束时那里有几罐?

画一幅画来表达你的想法。您对每天发生的事情有什么注意?

扩展: 如果这种模式继续下去,该班星期五将有多少罐?

画

写

单位的故事　　　　　　　　　　　　　　　　　　　　　　　第十课练习集

姓名 _____　　　日期 _____

1. 使用图片写数字句子和数字链。

   _____ 小乌龟　+　_____ 大乌龟　=　_____ 乌龟

2. _____ 狗醒着　+　_____ 狗在睡觉　=　_____ 小狗

3. _____ 猪不在泥里　+　_____ 猪在泥里　=　_____ 猪

第十课：　通过绘画和使用 5-组卡来解决相加而结果未知数学故事。

4. 从图片到匹配的5组卡画一条线。

a.

b.

c.

d.

单位的故事　　　　　　　　　　　　　　　　　　　　　第十课退出票　1•1

姓名 _____　　　　　日期 _____

1. 画画以展示故事。有3个大球和4个小球。

那里有几个球? _____ 个球。

2. 圈选与您的图片匹配的图块。

第十课：　通过绘画和使用 5-组卡来解决相加而结果未知数学故事。

读

课外烹饪俱乐部有8个孩子。班上可能几个男孩和几个女孩?画一幅画并写一个算式来解释你的想法。

扩展: 男孩和女孩还有多少其他组合? 为您可以想到的每个组合写一个数字链。

画

写

单位的故事　　　　　　　　　　　　　　　　　　　　　　　第十一课问题集

姓名 _____　　　日期 _____

1. Jill生日那天总共收到了5朵花。在花瓶中多画些花，以展示Jill的生日花。

你要画几朵花？_____ 朵花

写下一个算式和一个数字链以匹配该故事。

 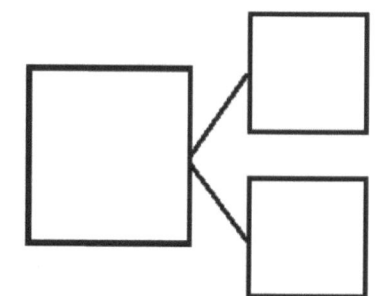

2. Kate和Nana正在烘烤饼干。他们制作了2个心形饼干，然后制作了一些方形饼干。他们总共做了8个饼干。他们制作了几个方形饼干？画图并依靠它来展示故事。

写下一个算式和一个数字链以匹配该故事。

  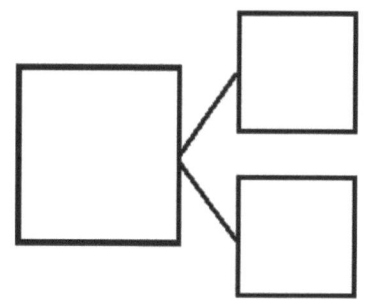

第十一课：　通过绘画、写等式和作出解决方案陈述来解决加法但改变未知数学故事作为计数的背景。

显示各部分。写一个数字链以匹配这个故事。

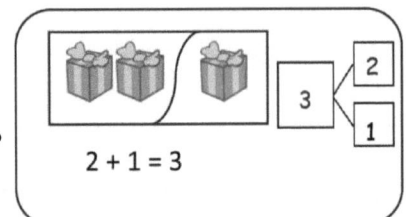

3. Bill有2辆卡车。他的朋友James也来了。他们在一起有5辆卡车。James带了几辆卡车？

   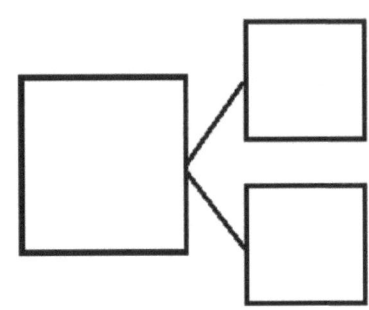

James 带了 _____ 辆卡车。

写一个算式来解释这个故事。

4. Jane在停下来吃午饭之前抓了7条鱼。午餐后，她又抓了一些。一天结束时，她有9条鱼。她午饭后抓了几条鱼？

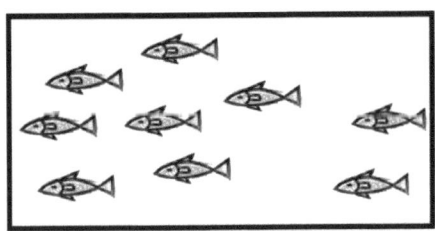   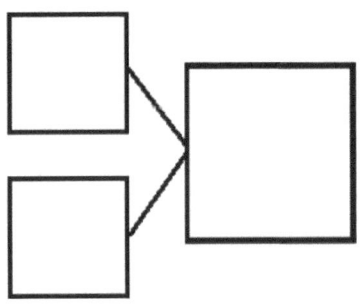

Jane 在午饭后抓了 _____ 条鱼。

写一个算式来解释这个故事。

 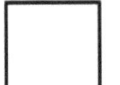 

姓名 _____ 日期 _____

绘画更多的熊来表明Jen总共有8只熊。

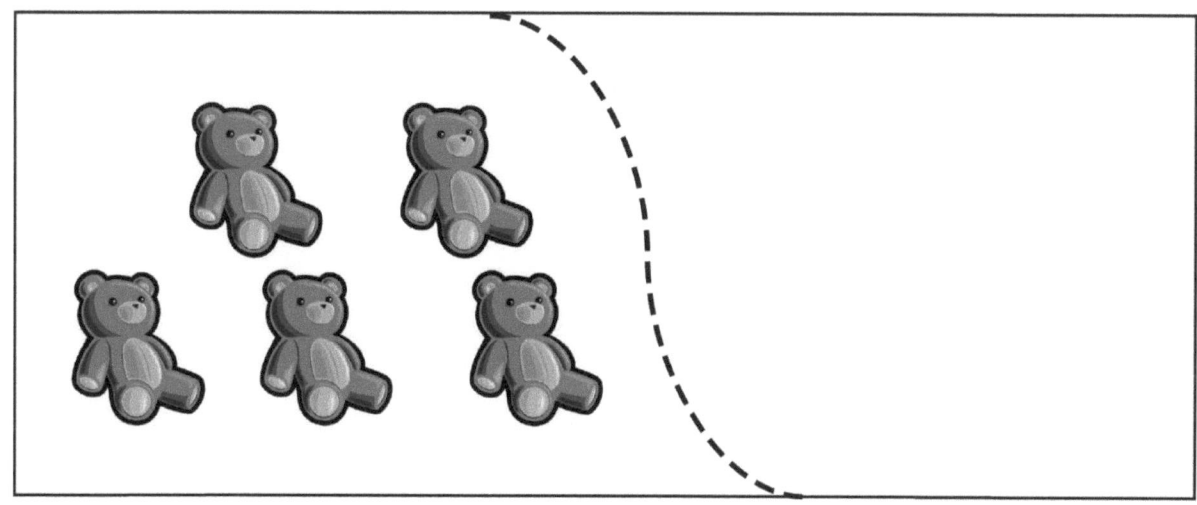

我加了 _____ 只熊。

写一个算式以显示多少你画的熊。

单位的故事 | 第十二课应用问题 | 1·1

读

Tanya的书架上有7本书。她从图书馆借了一些书，现在她的书架上有9本书。她在图书馆借了几本书？

用图片，文字或算式说明您的想法。在您的算式中的神秘数字周围画一个方框。

画

第十二课： 解决添加到更改未知使用5组卡片的数学故事。

87

写

Tany 从图书馆借了 ▢ 本书。

单位的故事 第十二课问题集 1•1

姓名 _____ 日期 _____

用你的 5-组卡

写出缺少的数字。

1.

3 + ___ = 5

2.

5 + ___ = 9

3.

4 + ___ = 10

第十二课: "使用 5-组卡来解决加法但改变未知"数学故事。

4. Kate 和 Bob 在公园有6个球。Kate有2个球。

   多少球?

   _____ 个球 = _____ 个球 + _____ 个球

   Bob 在公园里有 _____ 个球。

---

5. 我有3个苹果。妈妈给了我更多。现在我有 10 个苹果。

   妈妈给了我几个苹果?

   _____ 个苹果 + _____ 个苹果 = _____ 个苹果

   妈妈给了我 _____ 个苹果。

单位的故事　　　　　　　　　　　　　　　　　　　　　　　　第十二课票出票　1•1

姓名 _____　　　日期 _____

绘制图片，然后计数来解决数学故事。

🐟　　🐟　　🐟　　🐟

Bob抓到5条鱼。John又抓了一些鱼。他们总共有7条鱼在所有。John 抓到了多少条鱼？

写一个算式来匹配您的图片。

☐ + ☐ = ☐

John 抓到了_____条鱼。

第十二课：　解决添加到更改未知使用5组卡片的数学故事。

91

读

Sammi有6只兔子。其中一只生下了婴儿。现在,她有10只兔子。

兔子生下了几个婴儿?

画一幅画以显示您是如何知道的。写一个数字链和一个数字句子以匹配您的图片。

画

写

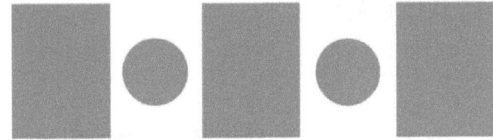

有 ▢ 只婴儿兔子出生。

单位的故事　　　　　　　　　　　　　　　　　　　　第十三课问题集　1•1

姓名 _____　　　日期 _____

与伙伴合作，为下面的每个算式创建一个故事。画一幅画展示。写下数字链以匹配故事。

1. 6 + 2 = ☐

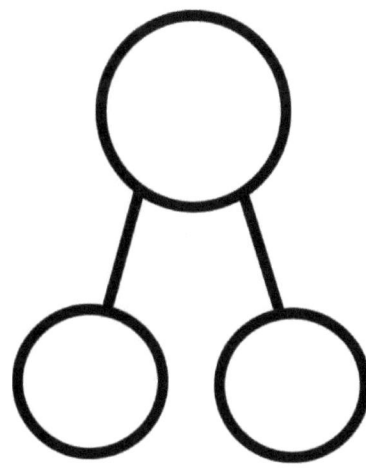

2. 5 + 5 = ☐

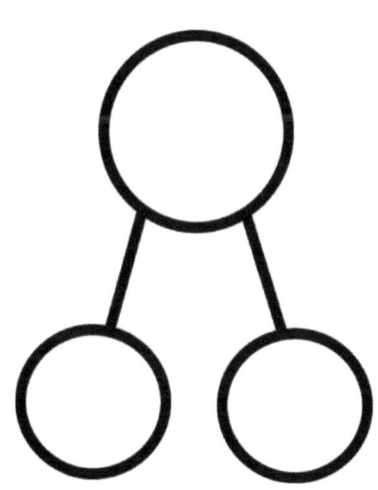

第十三课：　用等式描述相加但结果未知、加法但结果未知和加法但改变未知的故事。

3. 5 + ☐ = 7

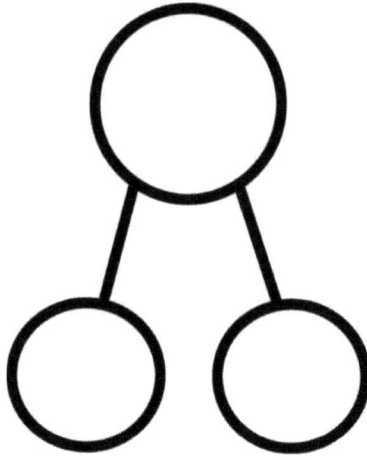

4 6 + ☐ = 10

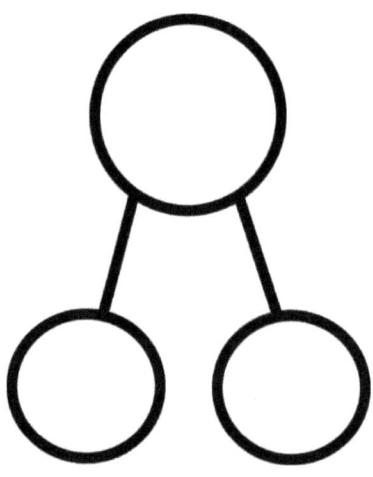

姓名 _____   日期 _____

通过画图为每个算式讲一个数学故事。

1. 5 + 1个 = 6

2. 3 + ? = 8

第十三课： 用等式描述相加但结果未知、加法但结果未知和加法但改变未知的故事。

读

Beth 去摘苹果了。她摘了 7 颗苹果,并将它们放在篮子里。又有 2 颗苹果从树上掉进了她的篮子里!她的篮子里现在有几颗苹果?

画一张数学图,然后写一个数字链和一个算式来匹配叙述。

画

写

Beth 的篮子有 ☐ 颗苹果。

姓名 _____   日期 _____

1. 用计数来相加。

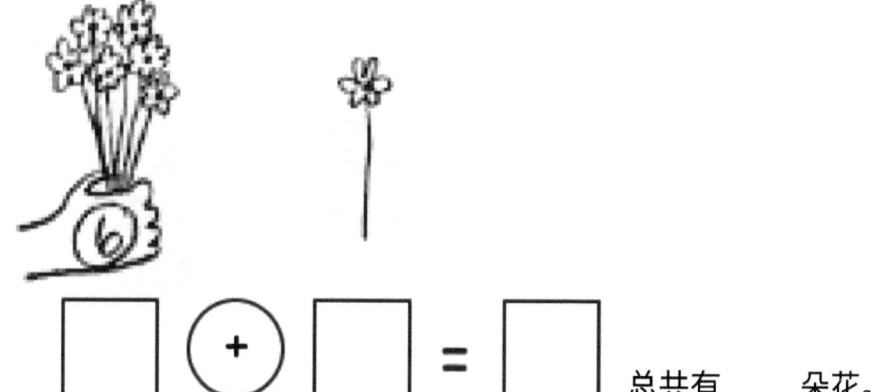

☐ + ☐ = ☐   总共有____朵花。

2.

☐ = ☐ + ☐   总共有____颗橘子。

3.

☐ = ☐ + ☐   总共有____支蜡笔。

4. 用你的 5-群组卡来计数和相加。尝试尽可能用比较少的点卡。

   a. 6 + 1 = ☐

   b. 6 + 3 = ☐

   c. 7 + 2 = ☐

   d. ☐ = 5 + 3

5. 用你的 5-群组卡、手指或你的已知事实来计数和相加。

   a. 8 + 2 = ☐

   b. ☐ = 4 + 1

   c. 4 + 3 = ☐

   d. ☐ = 6 + 3

单位的故事　　　　　　　　　　　　第十四课退出票　1•1

姓名 _____　　日期 _____

1.

6

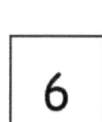

$\boxed{6} + \boxed{2} = \boxed{}$

我数了总共_____顶帽子。

---

2. 计数来解答算式。

a. $\boxed{7} + \boxed{3} = \boxed{}$

b. $\boxed{8} + \boxed{2} = \boxed{}$

第十四课：　用数字和 5-群组卡和手指来数最多多 3 个来追踪变化量。

读

Joshua 和 Rebecca 在吃葡萄干。Joshua 有 7 颗葡萄干，又从盒子拿了 2 颗。

Rebecca 有 9 颗葡萄干，又从盒子拿了 2 颗。

谁的葡萄干比较多，Joshua 还是 Rebecca？

画数学图并写出数字链或算式来表示你如何知道的。

画

单位的故事 第十五课应用问题 1·1

写

___

___

___

第十五课: 用数字和5-群组卡和手指来数最多多3个来追踪变化量。

单位的故事　　　　　　　　　　　　　　　　　　　　　　　　　　第十五课问题集

姓名 _____　　　　日期 _____

1. 计数来相加。

   a.

      总共有 ____ 支蜡笔。

   b.

       总共有 ____ 颗气球。

   c.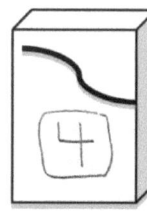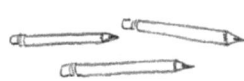

      总共有 ____ 支铅笔。

第十五课：　用数字和 5-群组卡和手指来数最多多 3 个来追踪变化量。

2. 你可以找到什么快捷方法或有效率的策略来相加？

a. 4 + 1 = ☐   h. 2 + 5 = ☐

b. 4 + 3 = ☐   i. 7 + 2 = ☐

c. 7 + 1 = ☐   j. 7 + 3 = ☐

d. ☐ = 6 + 2   k. ☐ = 4 + 2

e. ☐ = 5 + 3   l. ☐ = 2 + 5

f. ☐ = 3 + 6   m. ☐ = 6 + 2

g. ☐ = 3 + 7   n. ☐ = 2 + 8

| 单位的故事 | 第十五课退出票 | 1•1 |

姓名 _____   日期 _____

用图片来相加。

☐ + ☐ = ☐

展示你用来相加的快捷方式。

总共有____颗蛋。

第十五课： 用数字和 5-群组卡和手指来数最多多 3 个来追踪变化量。

读

有 10 个保龄球瓶立着。Finn 打倒一些保龄球瓶,还有 7 个仍然立着。他打倒了几个?

用简单的数学图画来表示你的解题方法。写一个有空格的算式表示神秘或未知的数字。

画

写

_____

_____

_____

姓名 _____ 日期 _____

1. 画更多的苹果来解答 4 + ? = 6。

   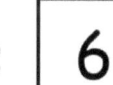

我在树上加了____个苹果。

2. 还要多少才能算出 7?

3. 还要多少才能算出 8?

4. 还要多少才能算出 9?

第十六课: 数数来找出缺少的加数算式中未知的部份，例如 6 + ___ = 9。回答："还要多多少才是 6、7、8、9 和 10?"

5. 计数来相加。圈出 你用来追踪的策略。

a. $4 + \square = 5$

b. $4 + \square = 7$

c. $8 = 5 + \square$

d. $10 = \square + 8$

e. $7 + \square = 8$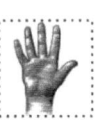

f. $\square + 5 = 7$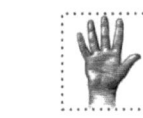

g. $8 = 6 + \square$

h. $10 = \square + 7$

单位的故事 第十六课退出票 1•1

姓名 _____ 日期 _____

解答算式。圈出你使用的工具或策略。

a. 5 + ☐ = 7   我打算使用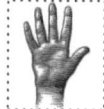

或

我就是知道

b. 6 + ☐ = 9   我打算使用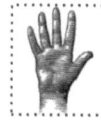

或

我就是知道

第十六课： 数数来找出缺少的加数算式中未知的部份，例如 6 + ___ = 9。回答："还要多多少才是 6、7、8、9 和 10？"

单位的故事　　　　　　　　　　　　　　　　　　　　　　　第十七课 应用问题

读

操场上有10个秋千，有7个学生在使用秋千。有多少个秋千是空的？画或写一个算式来表达你的想法。最后用一句话回答今天的问题：有多少个秋千是空的？

画

第十七课：　通过配对当量表达式和构建实数算式来理解等号的含义。

写

姓名 _____   日期 _____

写一个匹配每一个盘子上的群组的表达式。如果两个盘子上的水果数目相同，请在表达式之间写一个等号。在表达式之间写等号。

$\boxed{} + \boxed{} = \boxed{} + \boxed{}$
2   3   1   4

1. ☐ + ☐ ○ ☐ + ☐

2. ☐ + ☐ ○ ☐ + ☐

3. ☐ + ☐ ○ ☐ + ☐

4. ☐ + ☐ ○ ☐ + ☐

第十七课： 通过配对当量表达式和构建实数算式来理解等号的含义。

5. 写一个表达式以匹配每个多米诺骨牌。

a.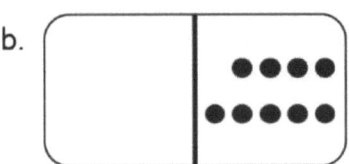

b.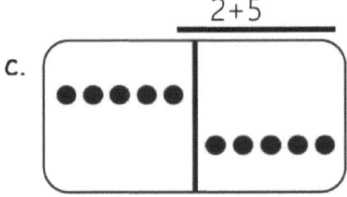

c. 2+5

_____ _____ _____

d.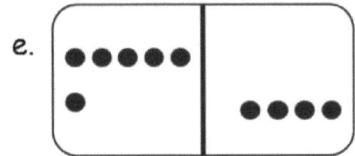

e.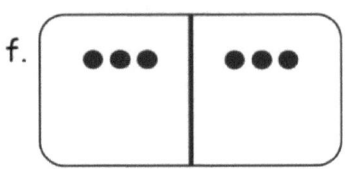

f.

_____ _____ _____

g. 从（a）-（f）中找到两组相等的表达式。在下面用=将它们连接起来，以构成实数算式。

_____   _____   _____

6. a.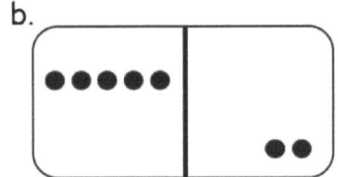

b.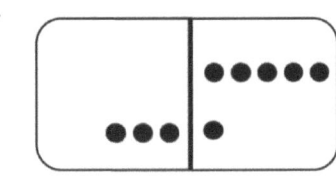

c.

_____ _____ _____

d.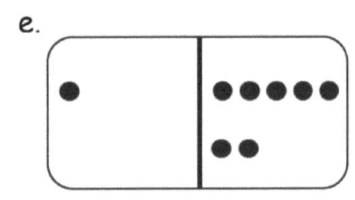

e.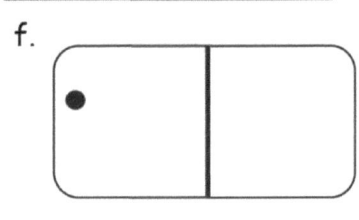

f.

_____ _____ _____

g. 从（a）-（f）中找到两组相等的表达式。在下面用将它们连接起来，以构成实数算式。

_____   _____

第十七课： 通过配对当量表达式和构建实数算式来理解等号的含义。

姓名 _____ 日期 _____

1. 使用数学图使图片相等。在下面将它们连接 = 做出真实的数字句子。

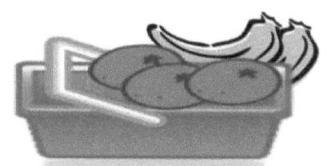 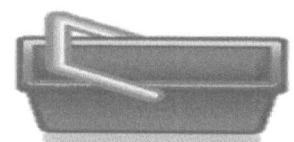

_____   _____

2. 在相等的多米诺骨牌上加阴影。写一个实数算式。

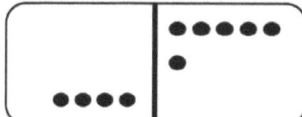 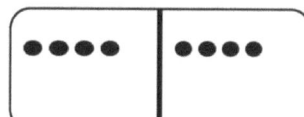

_____   _____

读

Dylan在家中有4只猫和2条狗。Laura在家有1条狗和5条鱼。Laura说，她和Dylan的宠物数量相等。Dylan认为他Laura拉拥有更多的宠物。谁是对的？

画一幅画，写两个数字链，然后用算式显示Dylan和Laura是否有相等数量的宠物。

画

写

姓名 _____ 日期 _____

1. 加法。给与男孩脑海中的数字相匹配的气球上色。查找相等的表达式。
   在下面用=将它们连接,以构建实数算式。

a.

_____

b.

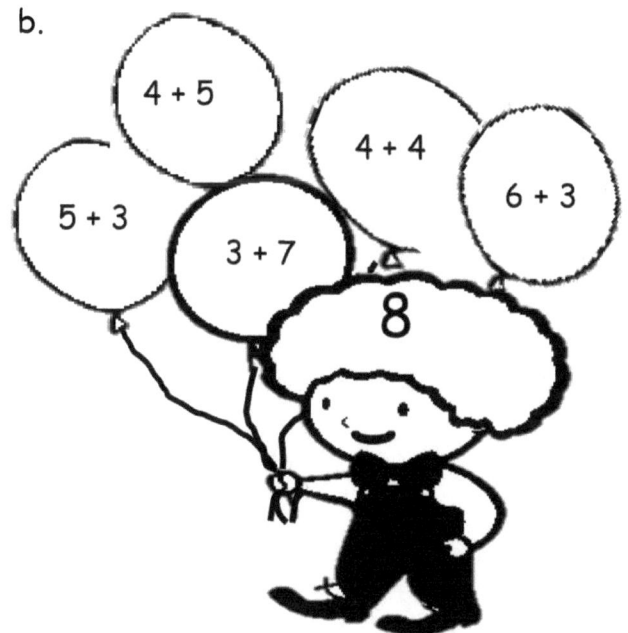

_____

第十八课: 通过配对当量表达式和构建实数算式来理解等号的含义。

2. 这些算式是真的吗? ✓ 如果是真的。 ✗ 如果它是假的。

   如果为假,则重写算式使它变成正确。

   a. 3 + 1 = 2 + 2 ☐

   b. 9 + 1 = 1 + 2 ☐

   _____

   c. 2 + 3 = 1 + 4 ☐

   d. 5 + 1 = 4 + 2 ☐

   _____

   e. 4 + 3 = 3 + 5 ☐

   f. 0 + 10 = 2 + 8 ☐

   _____

   g. 6 + 3 = 4 + 5 ☐

   h. 3 + 7 = 2 + 6 ☐

   _____

3. 在表达式中写一个数字并求解。 ✓ 如果是真的。 ✗ 如果它是假的。

   a. 1 + ___ = 3 + 2 ☐

   b. ___ + 4 = 2 + 5 ☐

   c. ___ + 5 = 6 + ___ ☐

   d. 7 + ___ = 8 + ___ ☐

姓名 _____   日期 _____

找到两种方法来修正每个算式,使它变成正确。

a. $\boxed{7 + 3 = 6 + 2}$

b. $\boxed{8 + 1 = 3 + 5}$

7 + 3 = 6 + 4

___ ___   ___ ___

___ ___   ___ ___

读

Dylan在家中有4只猫和2条狗。Sammy家里有1个妈妈兔子和6个小兔子。

画一个数字链，显示每个家庭的宠物总数。

写下陈述，以判断两个家庭的宠物数目是否相等。

画

写

_____

_____

_____

姓名 _____ 日期 _____

1. 写下数字链以匹配图片。然后，完成算式。

    a.

          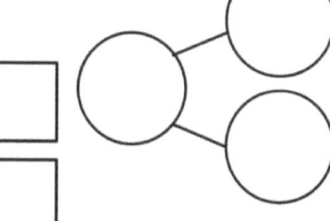

    b.

    c.

    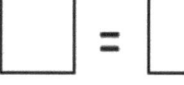         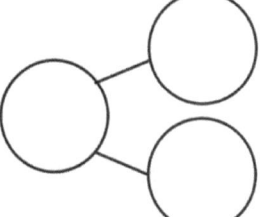

将表达式写在每个盘子下面。添加等号以表明它们的数量相同。

2.
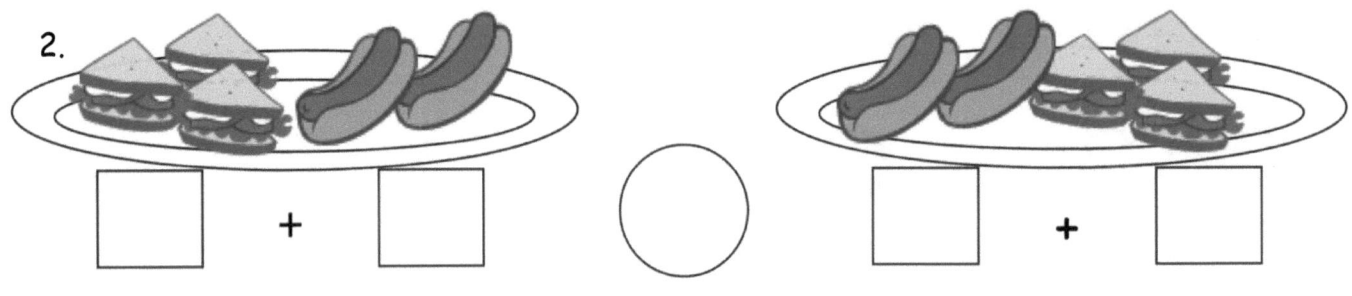

3.
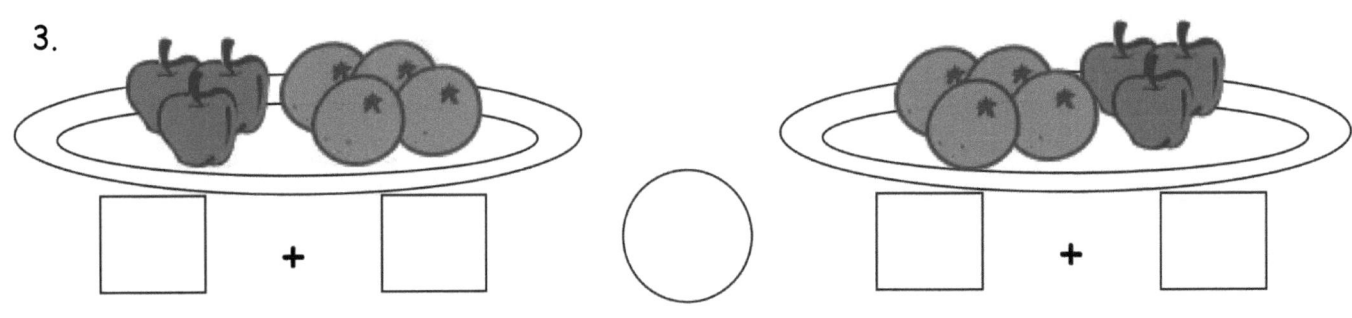

4. 绘图以显示表达式。
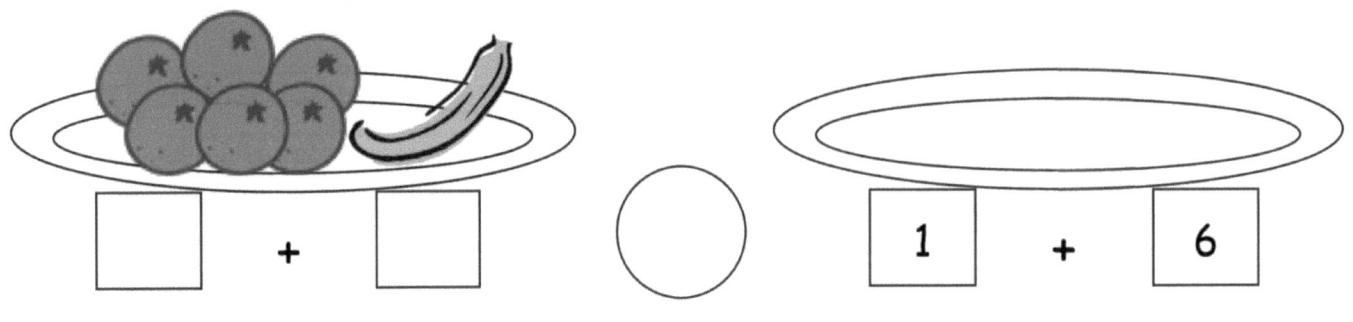

5. 绘图并书写以显示2个使用相同数字且总和相同的表达式。
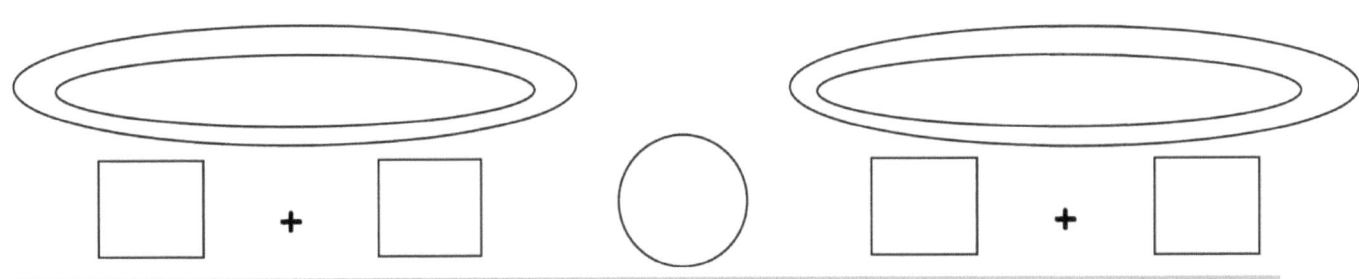

姓名 _____ 日期 _____

使用图画并输入算式以使用一个不同的顺序来展示各部分。

___ + ___ = ___   ___ = ___ + ___

___ + ___ = ___   ___ = ___ + ___

读

Laura有5条鱼。她的母亲又给了她1条。Laura的兄弟Frank 1条鱼。他们的母亲又给了Frank 5条。Laura大喊:"那不公平！他鱼比我多！"

用数字链和算式向Laura展示真相。如果可以的话,请写算式以帮助Laura理解。

画

写

姓名 _____   日期 _____

圈出更大的数量并计数。从较大的数字开始写出算式。

1.  +

□ ○+ □ = □

给较大的部分上色,并完成数字链。
从较大的部分开始写出算式。

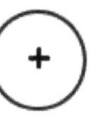 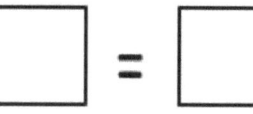

2. 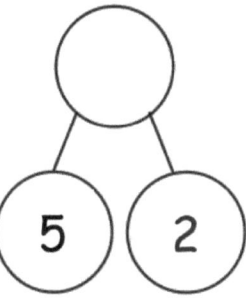   □ ○+ □ = □

3. 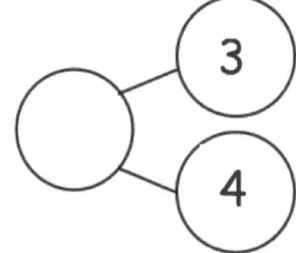   □ ○+ □ = □

4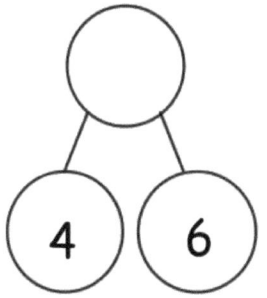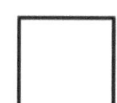

给数字链中较大的部分着色。从该部分开始计数以寻找总和。，然后填写数字链。完成第一个算式，然后重写算式以从较大的部分开始。

5.

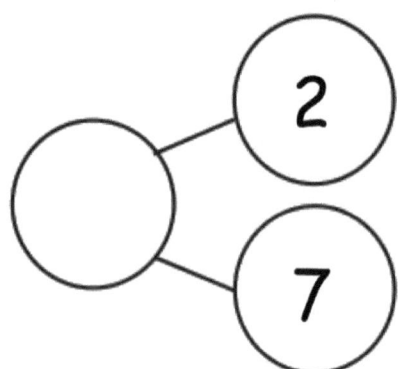

2 + ☐ = ☐

☐ + ☐ = ☐

6.

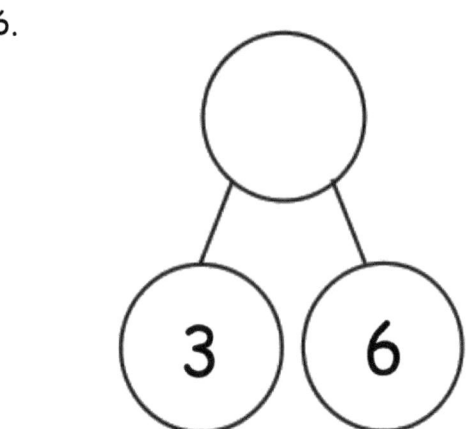

3 + ☐ = ☐

☐ + ☐ = ☐

圈出较大的数字，然后计数以便解题。

7. 1 + 5 = _____

8. 2 + 6 = _____

9. 4 + 3 = _____

10. 3 + 6 = _____

单位的故事

姓名 _____　　　日期 _____

圈出较大的部分，并完成数字链。从较大的部分开始写出算式。

a.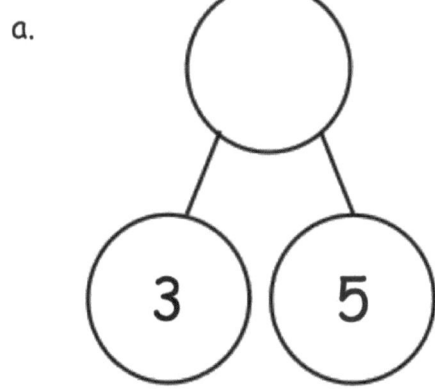

b.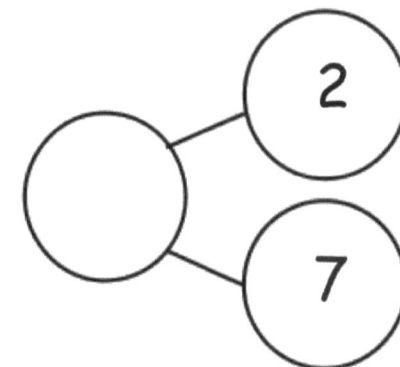

 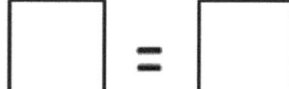 　　 + = □

第二十课：　应用共同特性以从较大的加数开始计数。

读

Jordan拿着一个装有3支铅笔的容器。他的老师再给他 4 支铅笔装在容器中。容器中有几支铅笔？

写下数字链、算式和陈述来表示解法。

画

写

姓名 _____ 日期 _____

相加卡对的数字。写出算式。把加倍涂成红色。把加倍加 1 涂成蓝色。

1.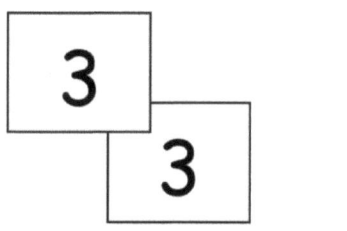

_____

2.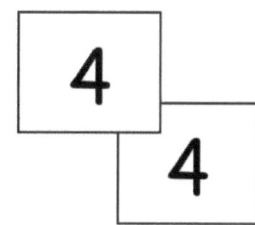

_____

3.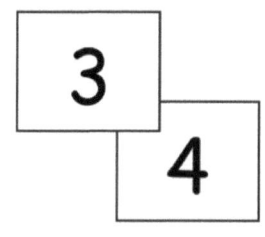

_____

4.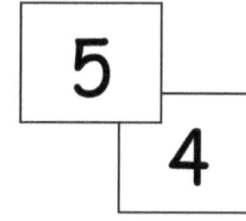

_____

解题。用加倍法来帮助你。画图并写出有帮助的加倍法。

5. $5 + 4 = \square$ ⚪⚪⚪⚪⚪
              ⚪⚪⚪⚪   _____

6. $4 + 3 = \square$ ⚪⚪⚪⚪
              ⚪⚪⚪⚪   _____

7. 解决加倍和加倍加1个算式。

a. 0 + 0 = ☐   0 + 1 = ☐

b. 2 + 2 = ☐   2 + 3 = ☐

c. 3 + 3 = ☐   3 + 4 = ☐

d. 4 + 4 = ☐   4 + 5 = ☐

e. 3 + ☐ = 6   3 + ☐ = 7

f. 5 + ☐ = 10   4 + ☐ = 9

8. 展示该策略如何帮助您解决 5 + 6 = ☐

9. 为问题7(d)的算式写一组4个相关的加法事实。

姓名 _____ 日期 _____

为每张5组卡写上加倍和加倍加1算式。

| ⋮ | 4 | 5 |

_____   _____   _____

_____   _____   _____

第二十一课： 使用 5-组卡可视化和解决加倍和加倍加 1 问题。

单位的故事

								1+9	
							1+8	2+8	
						1+7	2+7	3+7	
					1+6	2+6	3+6	4+6	
				1+5	2+5	3+5	4+5	5+5	
			1+4	2+4	3+4	4+4	5+4	6+4	
		1+3	2+3	3+3	4+3	5+3	6+3	7+3	
	1+2	2+2	3+2	4+2	5+2	6+2	7+2	8+2	
1+1	2+1	3+1	4+1	5+1	6+1	7+1	8+1	9+1	
1+0	2+0	3+0	4+0	5+0	6+0	7+0	8+0	9+0	10+0

附加图

第二十一课： 使用 5-组卡可视化和解决加倍和加倍加 1 问题。

读

May 和 Kay 是双胞胎。May 有的 Kay 也都有。May 有 2 个娃娃。May 和 Kay 总共有几个娃娃？May 有 3 个毛绒动物。他们在一起有多少个毛绒动物？写下数字链、算式和陈述以显示您的解题。

扩展： 如果将所有的娃娃和毛绒玩具放在一起进行一次假想的茶话会，那么会有多少个玩具？画画或写字来解释你的想法。

单位的故事　　　第二十二课应用问题　1•1

画

写

第二十二课：　通过解决和分析一般加数问题来寻找和使用加法表上的重复推理。

姓名 _____ 日期 _____

1. 使用红色为有 0 作为加数的方格上色。找到每个总数。
2. 使用橙色为有 1 作为加数的方格上色。找到每个总数。
3. 使用黄色为有 2 作为加数的方格上色。找到每个总数。
4. 使用绿色为有 3 作为加数的方格上色。找到每个总数。
5. 使用蓝色为剩余的方格。上色。找到每个总数。

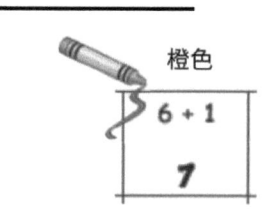

1 + 0	1 + 1	1 + 2	1 + 3	1 + 4	1 + 5	1 + 6	1 + 7	1 + 8	1 + 9
2 + 0	2 + 1	2 + 2	2 + 3	2 + 4	2 + 5	2 + 6	2 + 7	2 + 8	
3 + 0	3 + 1	3 + 2	3 + 3	3 + 4	3 + 5	3 + 6	3 + 7		
4 + 0	4 + 1	4 + 2	4 + 3	4 + 4	4 + 5	4 + 6			
5 + 0	5 + 1	5 + 2	5 + 3	5 + 4	5 + 5				
6 + 0	6 + 1	6 + 2	6 + 3	6 + 4					
7 + 0	7 + 1	7 + 2	7 + 3						
8 + 0	8 + 1	8 + 2							
9 + 0	9 + 1								
10 + 0									

第二十二课: 通过解决和分析一般加数问题来寻找和使用加法表上的重复推理。

姓名 _____ **日期** _____

图表中的某些加数丢失了！写出缺少的数字。

1 + 0	1 + 1	1 + 2	1 + 3	1 + 4	1 + 5	1 + 6	1 + 7	1 + 8	1 + 9
2 + 0	2 + 1	2 + 2	2 + __	2 + 4	2 + 5	2 + 6	2 + 7	2 + 8	
3 + 0	3 + 1	3 + 2	3 + __	3 + 4	3 + 5	3 + 6	3 + 7		
4 + 0	4 + __	4 + 2	4 + 3	__ + 4	__ + 5	__ + 6			
5 + 0	5 + __	5 + 2	5 + 3	5 + 4	5 + 5				
6 + 0	6 + __	6 + 2	6 + 3	6 + 4					
7 + __	7 + 1	7 + 2	7 + 3						
8 + __	8 + 1	8 + 2							
9 + __	9 + 1								
10 + 0									

第二十二课：通过解决和分析一般加数问题来寻找和使用加法表上的重复推理。

读

John有3个贴纸。Mark有4个贴纸。Anna有5个贴纸。他们每个人又得到两个贴纸。他们现在每个人有几个贴纸？

为每个学生写一个数字链和算式。

扩展： John、Mark 和 Anna总共有几张贴纸？

画

写

姓名 _____ 日期 _____

使用图表在下面的空格中写下算式的列表。

总计10	总计9	总计8	总计7

姓名 _____   日期 _____

1. 圈出总数是 10 的所有方框。
2. 在总计8的所有框中画一个X。

1 + 0	1 + 1	1 + 2	1 + 3	1 + 4	1 + 5	1 + 6	1 + 7	1 + 8	1 + 9
2 + 0	2 + 1	2 + 2	2 + 3	2 + 4	2 + 5	2 + 6	2 + 7	2 + 8	
3 + 0	3 + 1	3 + 2	3 + 3	3 + 4	3 + 5	3 + 6	3 + 7		
4 + 0	4 + 1	4 + 2	4 + 3	4 + 4	4 + 5	4 + 6			
5 + 0	5 + 1	5 + 2	5 + 3	5 + 4	5 + 5				
6 + 0	6 + 1	6 + 2	6 + 3	6 + 4					
7 + 0	7 + 1	7 + 2	7 + 3						
8 + 0	8 + 1	8 + 2							
9 + 0	9 + 1								
10 + 0									

第二十三课： 通过观看和着色有相同总数的问题来寻找和使用加法表上的结构。

单位的故事 　　　　　　　　　　　　　　　　　　　　　　　　大号埃森23 模板　　1•1

								1+9
							1+8	2+8
						1+7	2+7	3+7
					1+6	2+6	3+6	4+6
				1+5	2+5	3+5	4+5	5+5
			1+4	2+4	3+4	4+4	5+4	6+4
		1+3	2+3	3+3	4+3	5+3	6+3	7+3
	1+2	2+2	3+2	4+2	5+2	6+2	7+2	8+2
1+1	2+1	3+1	4+1	5+1	6+1	7+1	8+1	9+1
1+0	2+0	3+0	4+0	5+0	6+0	7+0	8+0	9+0	10+0

附加图；来自第21课

第二十三课：　通过观看和着色有相同总数的问题来寻找和使用加法表上的结构。

读

老师告诉Henry要拿8个链接立方体。Henry拿了4个蓝色立方体和3个红色立方体。Henry是否具有正确数量的链接立方体？用图片或文字来解释你的想法。

画

写

姓名 _____   日期 _____

相关事实阶梯

1. 2 + 1 = 3

2. 4 + 1 = 5

3. 5 + 5 = 10

4. 3 + 4 = 7

5. 2 + 6 = 8

6. 7 + 3 = 10

单位的故事

姓名 _____ 日期 _____

解决算式。使用提示进行着色。框着色后，就无需再次着色。

a. $5 + 2 =$ ____

b. $7 + 2 =$ ____

c. $2 + 3 =$ ____

d. $3 + 3 =$ ____

e. $7 = 1 +$ ____

f. $2 = 1 +$ ____

g. ____ $= 4 + 4$

h. $8 + 2 =$ ____

i. $3 + 4 =$ ____

j. ____ $= 5 + 4$

k. $10 = 1 +$ ____

l. $10 = 5 +$ ____

把加倍涂成红色。

把 +1 涂成蓝色。

把 +2 涂成绿色。

把加倍 +1 涂成棕色。

挑战：

列出可以多于一种颜色的算式。

第二十三课：练习使用事实来建立 10 以内的掌握度。

单位的故事　　　　　　　　　　　　　　　第二十五课应用问题

读

Taylor 和她的姊妹 Reilly 分别从图书馆拿了 4 本书。然后 Reilly 回去又拿了另 1 本书。Taylor 和 Reilly 总共有几本书？

绘制数字链并贴上标签，以显示Taylor拿出的书本部分和Reilly拿出的书本部分。写一段陈述以分享你的答案。

第二十五课：　解决有加法的相加但改变未知的数学故事，并且与减法相关联。用材料建模，并写出相应的算式。

单位的故事　　　　　　　　　　　　　　　　　第二十五课 应用问题　1•1

画

写

第二十五课：　解决有加法的相加但改变未知的数学故事，并且与减法相关联。用材料建模，并写出相应的算式。

姓名 _____   日期 _____

把总数分解成几部分。写一个数字链和加法与减法算式来匹配叙述。

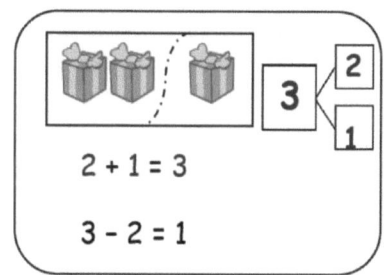

1. Rachel 和 Lucy 正在玩 5 辆卡车。如果 Rachel 在玩其中的 2 辆,那么 Lucy 在玩几辆?

 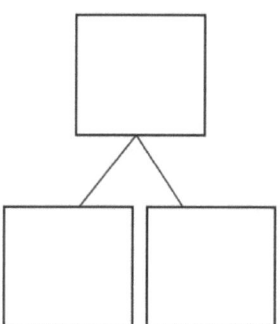

$2 + \square = 5$

$5 - 2 = \square$

Lucy 在玩_____辆卡车。

2. Jane 抓到了 9 条鱼。她在吃午餐之前抓到了 7 条鱼。她在午餐后抓了几条鱼?

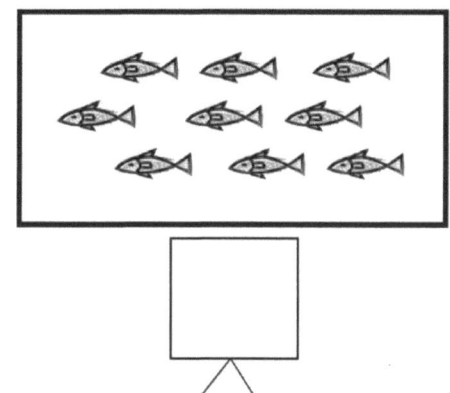

$\square + \square = 9$

$9 - \square = \square$

Jane 午餐后抓了_____条鱼。

3. 爸爸买了 6 件衬衫。他隔天退还了一些。现在他有 2 件衬衫。爸爸退还了几件衬衫？

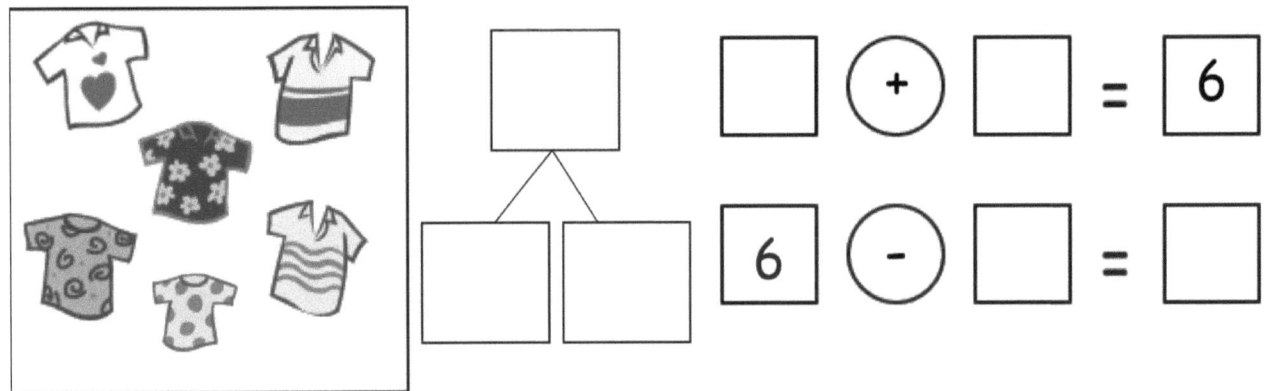

爸爸退还了_____件衬衫。

4. John吃了三个草莓。然后，他的朋友给了他更多的水果。现在，John有7个水果。John的朋友给了他几个水果？

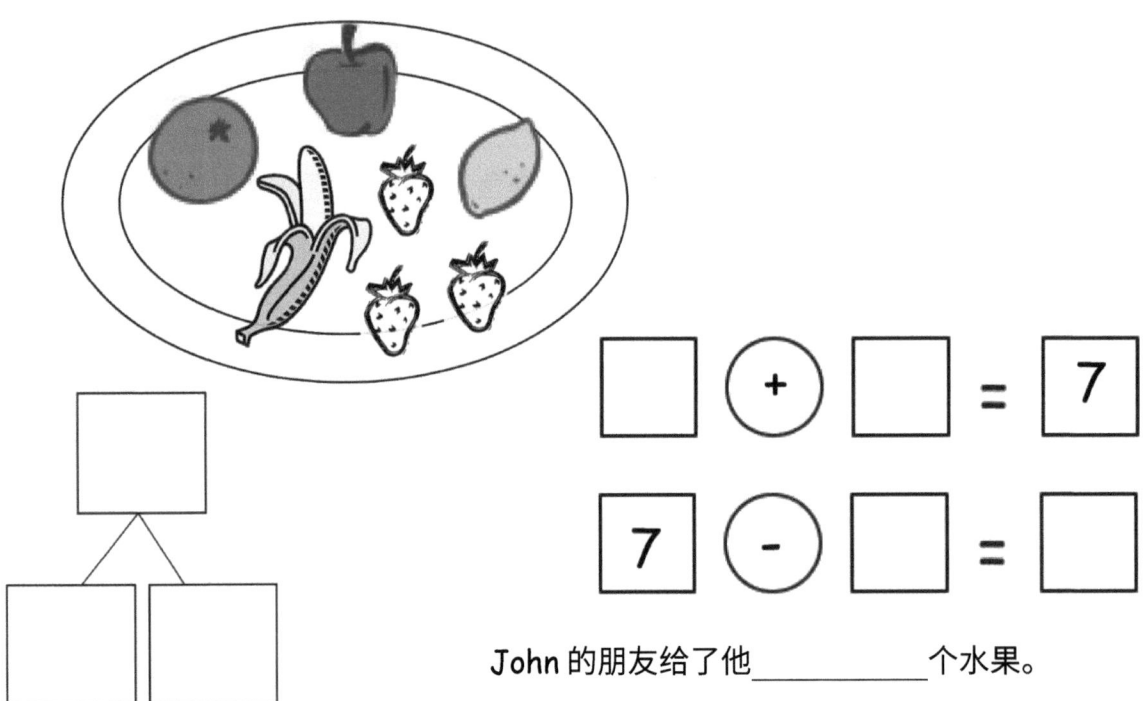

John 的朋友给了他_____个水果。

姓名 _____   日期 _____

解决数学故事。完成数字链和算式。将未知数字涂成黄色。

Rich星期一买了6罐汽水。
他在星期二又买了一些。
现在，他有9罐汽水。
Rich星期二买了几罐？

Rich 买了 _____ 罐。

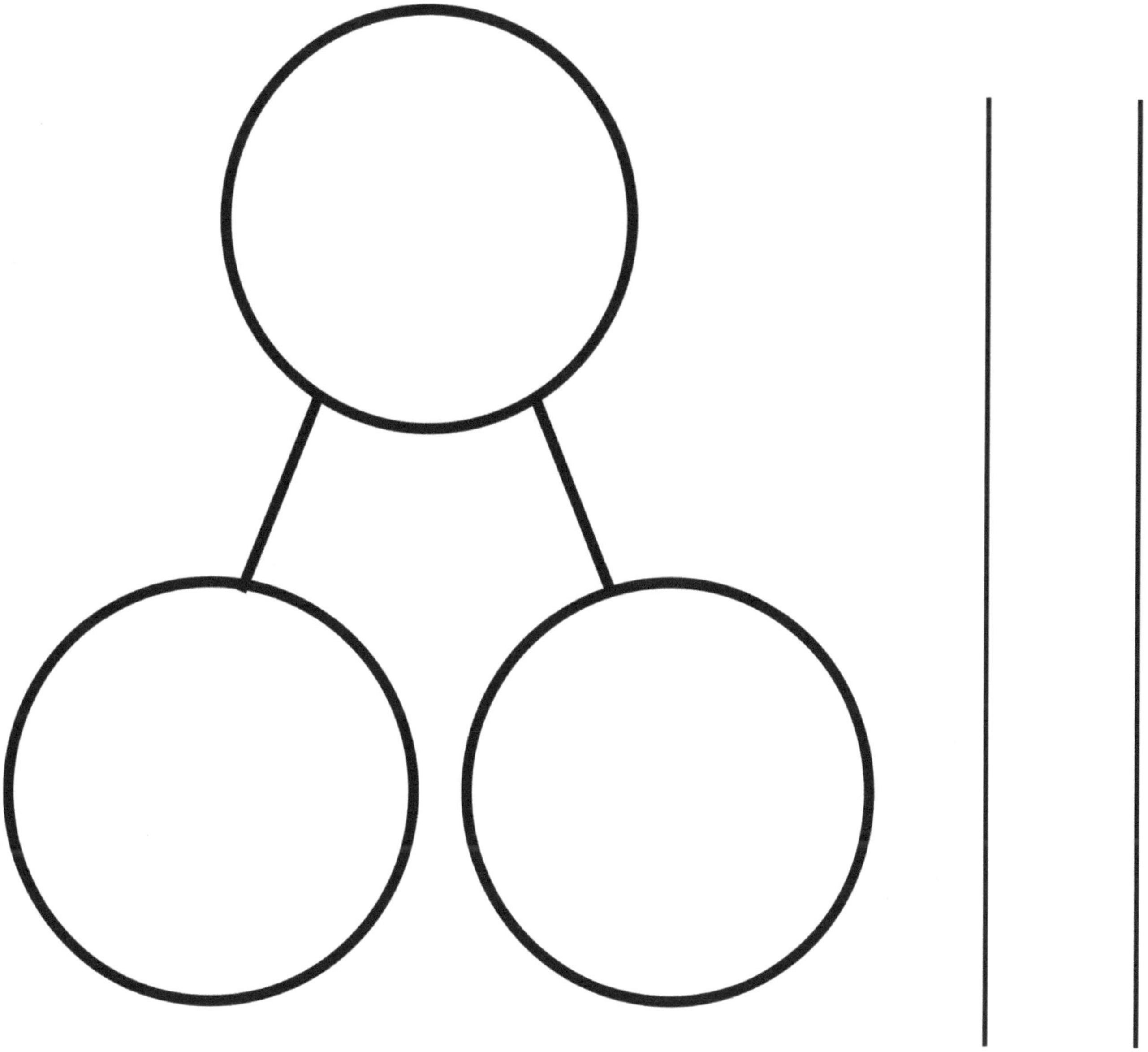

单位的故事 | 大号埃森25 模板 | 1•1

数字链和算式

第二十五课: 解决有加法的相加但改变未知的数学故事,并且与减法相关联。用材料建模,并写出相应的算式。

175

读

食堂里有5个学生。还有更多的学生迟到了。现在，食堂有7名学生。

有多少学生迟到？

写一个数字链以匹配这个故事。写一个加法算式和一个减法算式以显示解决问题的两种方法。在找到的未知数字周围画一个矩形。

单位的故事　　　　第二十六课应用问题

画

写

第二十六课： 使用数字路径进行计数来寻找未知部分。

姓名 _____ 日期 _____

使用数字路径来解决。

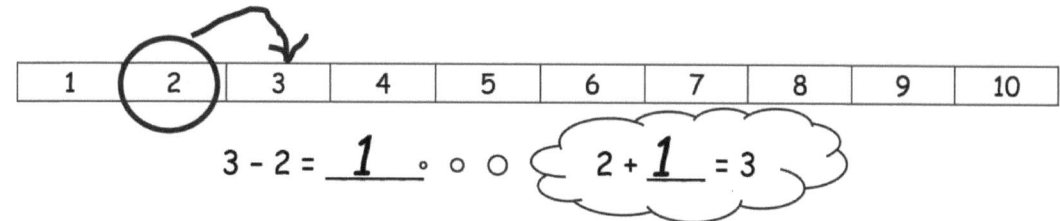

3 - 2 = **1**   2 + **1** = 3

1. | 1 | 2 | 3 | 4 | 5 | 6 | 7 | 8 | 9 | 10 |

   6 - 4 = _____   4 + _____ = 6

2. | 1 | 2 | 3 | 4 | 5 | 6 | 7 | 8 | 9 | 10 |

   8 - 5 = _____   5 + _____ = 8

3. | 1 | 2 | 3 | 4 | 5 | 6 | 7 | 8 | 9 | 10 |

   9 - 6 = _____   6 + _____ = 9

4. | 1 | 2 | 3 | 4 | 5 | 6 | 7 | 8 | 9 | 10 |

   9 - 3 = _____   3 + _____ = 9

第二十五课： 使用数字路径进行计数来寻找未知部分。

使用数字路径来帮助您解决。

| 1 | 2 | 3 | 4 | 5 | 6 | 7 | 8 | 9 | 10 |

5. 5 - 4 = _____   4 + _____ = 5

6. 5 - 1 = _____   1 + _____ = 5

7. 7 - 5 = _____   5 + _____ = 7

8. 10 - 6 = _____   6 + _____ = 10

9. 9 - 3 = _____   3 + _____ = 9

姓名 _____ 日期 _____

使用数字路径来解决。写出您用来帮助解决问题的加法算式。

| 1 | 2 | 3 | 4 | 5 | 6 | 7 | 8 | 9 | 10 |

a. 7 - 5 = _____   _____

b. 9 - 2 = _____   _____

c. _____ = 10 - 3   _____

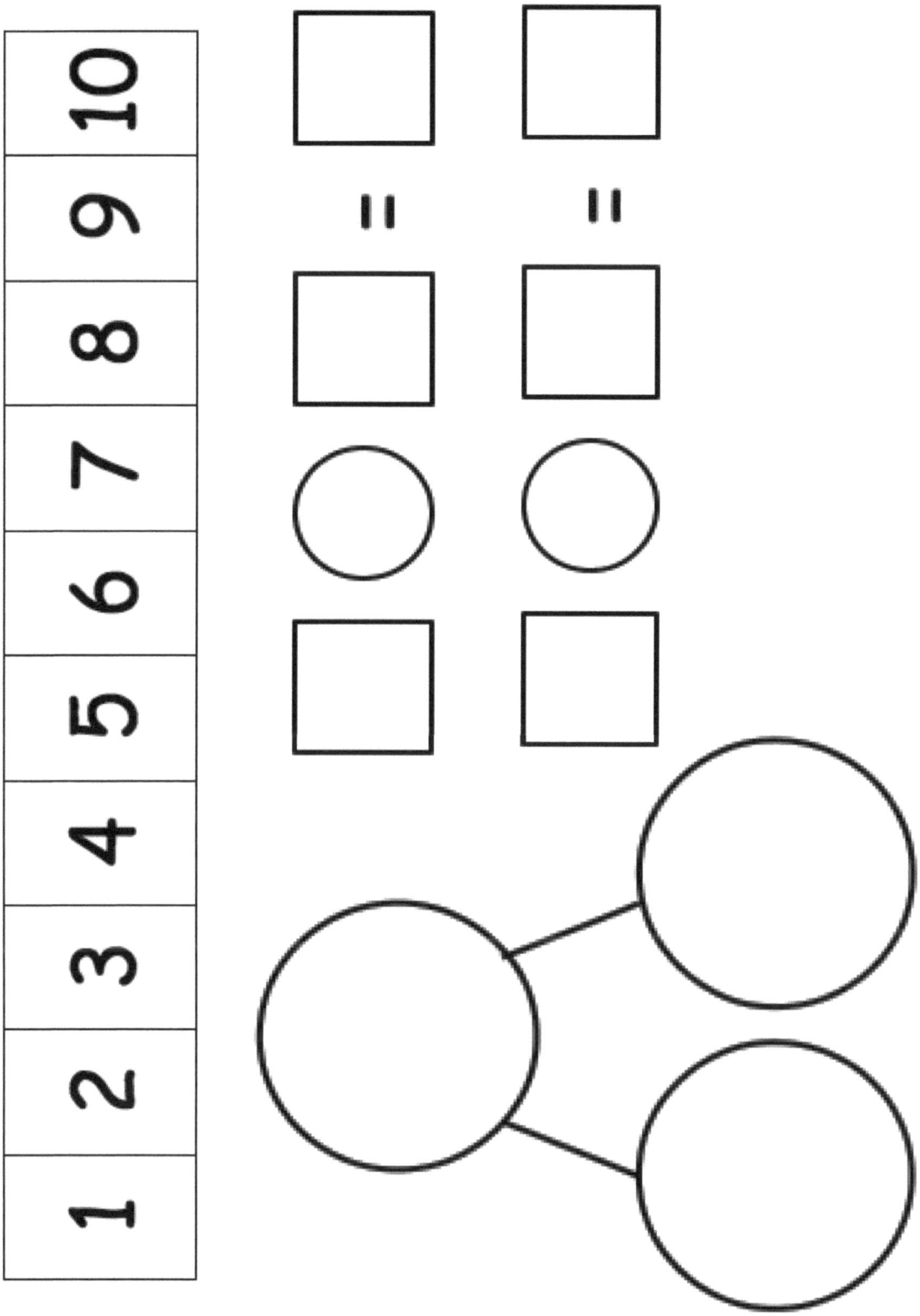

数字路径

第二十六课： 使用数字路径进行计数来寻找未知部分。

单位的故事　　　　　　　　　　　　　　　　　　　第二十七课应用问题

读

Marcus有9颗草莓。其中六个很小。其余的很大。多少个草莓是大的？

填写模板。在数字句子中圈出谜题或未知数，并写一个陈述来回答问题。

画

| 1 | 2 | 3 | 4 | 5 | 6 | 7 | 8 | 9 | 10 |

☐ ◯ ☐ = ☐

☐ ◯ ☐ = ☐

第二十七课：　使用数字路径进行计数来寻找未知部分。

写

_____

_____

_____

单位的故事　　　　　　　　　　　　　　　　　　　　　　　　　　　第二十七课问题集　1•1

姓名 _____　　　　日期 _____

| 1 | 2 | 3 | 4 | 5 | 6 | 7 | 8 | 9 | 10 |

将减号算式改写为加号算式。

在未知数周围放置一个 □。如果需要，请使用数字路径。

1. 4 − 3 = ☐　　　　　　　____ + ____ = ____

2. 6 − 2 = ☐　　　　　　　____ + ____ = ____

3. 7 − 3 = ☐　　　　　　　____ + ____ = ____

4. 9 − 6 = ☐　　　　　　　_____

5. 10 − 2 = ☐　　　　　　 _____

使用数字路径计数。

6. 8 − 4 = ____　　　　　　4 + ____ = 8

7. 9 − 5 = ____　　　　　　5 + ____ = 9

第二十七课：　使用数字路径进行计数来寻找未知部分。

| 1 | 2 | 3 | 4 | 5 | 6 | 7 | 8 | 9 | 10 |

跳回数字路径以进行倒数。

8. 10 - 1 = ____

9. 9 - 2 = ____

10. 选择解决问题的最佳方法。勾选方框。

 计数　　 倒数

a. 10 - 9 = ____　☐　☐

b. 9 - 1 = ____　☐　☐

c. 8 - 5 = ____　☐　☐

d. 8 - 6 = ____　☐　☐

e. 7 - 4 = ____　☐　☐

f. 6 - 3 = ____　☐　☐

姓名 _____   日期 _____

解决7 - 6，Ben认为您应该倒数，而Pat认为您应该计数。哪种方法可以解决这个问题？进行简单的数学绘图以说明原因。

$$7 - 6 = \underline{\qquad}$$

第二十七课： 使用数字路径进行计数来寻找未知部分。

读

八只鸭子在池塘里游泳。四只鸭子飞走了。池塘里还有几只鸭子在游泳？

写下数字链、算式和陈述。画出一条数字路径来证明你的答案。

画

写

姓名 _____   日期 _____

读故事。在离开故事的项目上画一条水平线。然后,完成数字链、算式子和陈述。

例题:3 - 2 = 1

1. 公园里有5架玩具飞机在飞。
   一个掉下来摔坏了。
   仍有几架飞机在飞行?

5 - 1 = _____

有 _____ 架飞机仍在飞行。

2. 我从商店里买了6个鸡蛋。
   其中三个破裂了。
   我有多少个鸡蛋没有破裂?

6 - ___ = _____

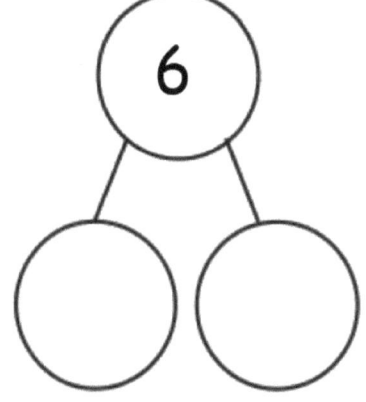

_____ 个鸡蛋没有破裂。

绘制数字链和数学图以帮助您解决问题。

3. Kate看到8只猫在草地上玩耍。
   三只猫走开去追老鼠。
   草地上还剩下多少只猫?

   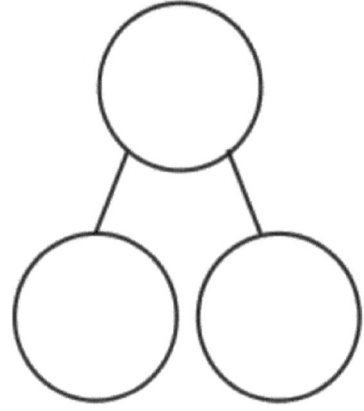

   _____ - _____ = _____

   _____ 只猫还留在草地上。

4. 有7片芒果片。
   两片被吃掉了。
   还剩多少芒果片可以吃?

   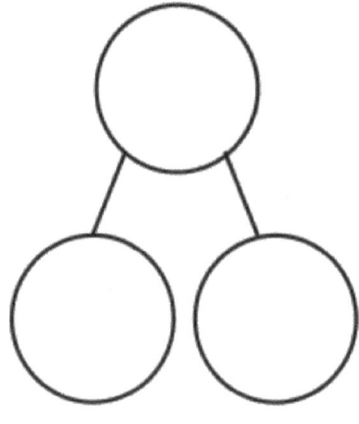

   _____ - _____ = _____

   还剩 _____ 片芒果。

单位的故事　　　　　　　　　第二十八课退出票　　1•1

姓名 _____　　日期 _____

阅读问题。制作数学绘来解决。

公园里有9只风筝在飞。三只风筝被树卡住了。还有几只风筝在飞？

___ - ___ = ___

_____ 只风筝还在飞。

第二十八课：使用数学图、实数算式和陈述来解决减去但结果未知的数学故事，并使用水平记号来删掉被减去数字。

单位的故事 第二十九课应用问题 1•1

读

Lucas有9支铅笔。他将其中的4支借给他的朋友。Lucas还剩下多少支铅笔？框起您的算式中的解决方案，并包括一个陈述以回答问题。必须用直线绘画您的简单形状。

画

第二十九课： 使用数学图、等式和陈述解决分解但加数未知的数学故事，并圈起已知部分以寻找未知数。

写

_____

_____

_____

单位的故事 第二十九课问题集 1•1

姓名 _____ 日期 _____

完成故事并解决。标记数字链。
为算式和数字链中的缺失部分上色。

1. 有 _____ 个苹果。

   _____ 个里面有虫子！

   有几个好苹果？

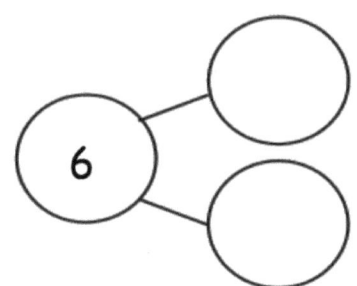

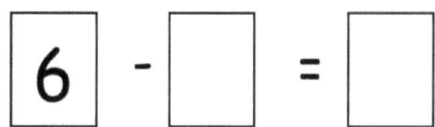

有 _____ 个好苹果。

2. _____ 本书在书架上。

   _____ 本书在最上面的架子上。

   底架上有几本书？

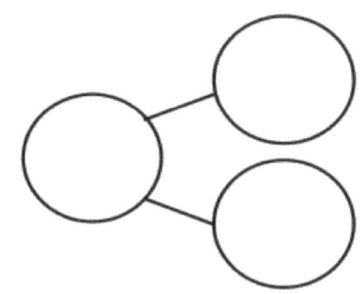

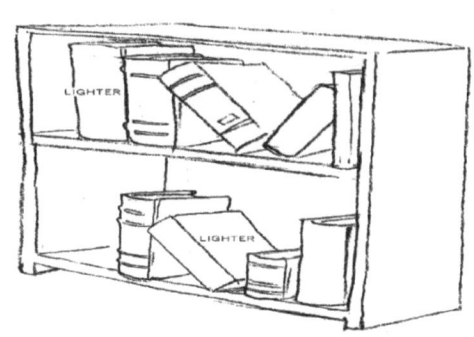

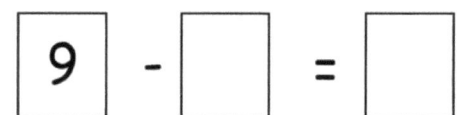

_____ 本书在底架上。

第二十九课： 使用数学图、等式和陈述解决分解但加数未知的数学故事，并圈起已知部分以寻找未知数。

在一行上使用数字链和数学图来求解。

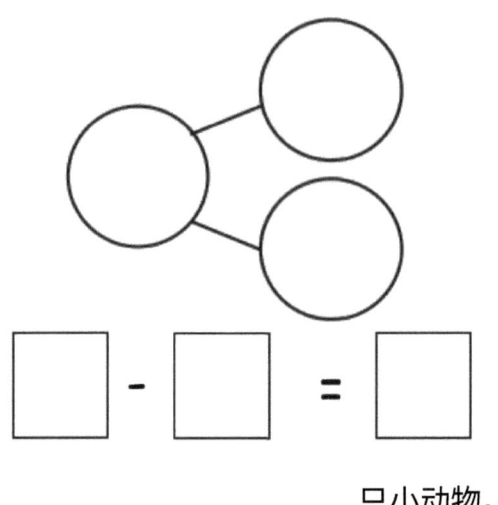

3. 池塘里有8只动物。两只很大。其余的很小。
   有多少只小动物？

   _____ 只小动物。

4. 全班有7位学生。
   _____ 位学生是女孩。
   有几位学生是男孩？

   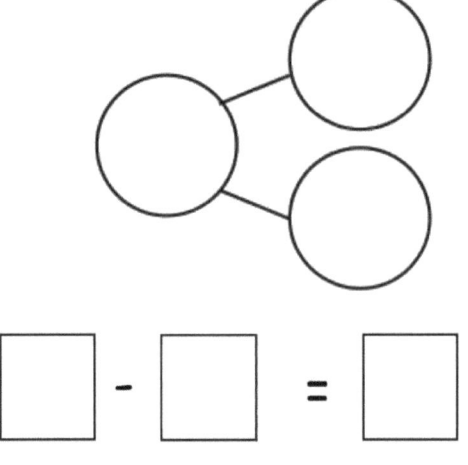

   _____ 位学生是男孩。

姓名 _____ 日期 _____

读故事。制作数学图来解决。

球队中有9名棒球运动员。七个是后备球员。几个不在板凳上？

___ - ___ = ___

_____ 个是后备球员。

读

Freddie的口袋里有10个人偶。其中五个是好人。

他的人偶有多少是坏人？

框起您的算式中的解决方案，并附上陈述以回答问题。绘制一个数学图。

圈起好人的部分，以表明您有正确数目的坏人。

画

写

_____

_____

_____

姓名 _____　　　　日期 _____

解决数学故事。填写并标记数字链和图片数字链。在解决方案上加淡色阴影。

1. Jill生日那天总共收到了5朵花。她将3朵放在一个花瓶中，其余的放在另一个花瓶中。她在另一个花瓶里放了几朵花？

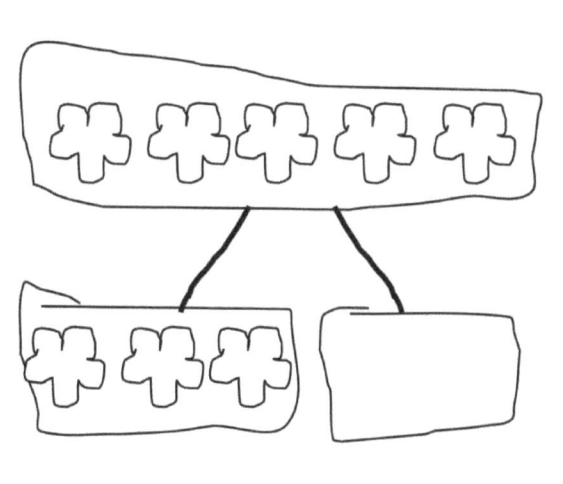

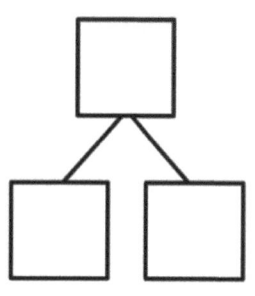

2. Kate和Nana正在烘烤饼干。她们制作了5个心形饼干，然后制作了一些方形饼干。她们总共做了8个饼干。她们制作了几个方形饼干？画画并解决。

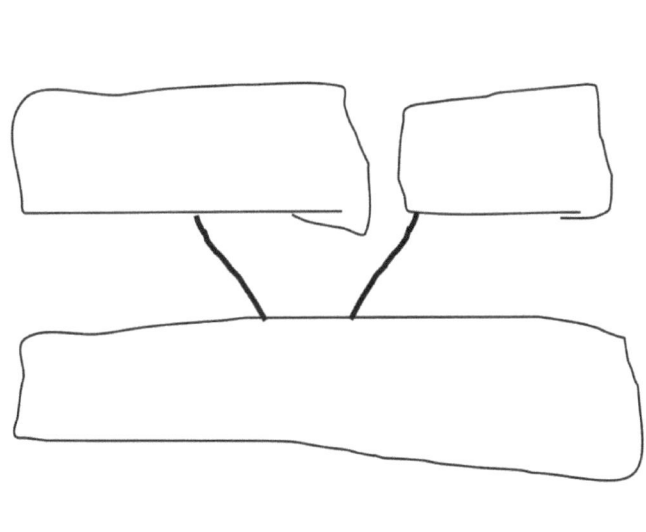

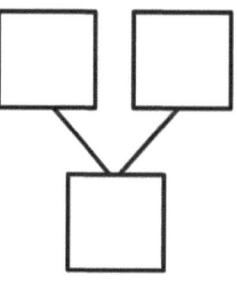

解题。填写并标记数字链和图片数字链。
圈出未知数。

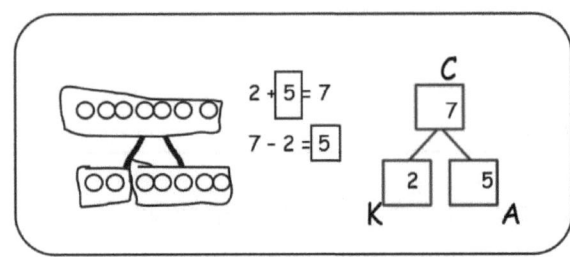

3. Bill有2辆卡车。他的朋友James也来了。
   他们总共有6辆卡车。
   James带了几辆卡车？

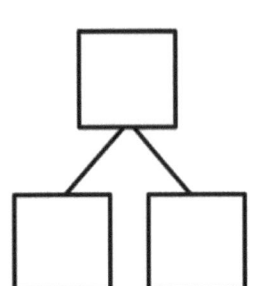

___ + ___ = 6

6 - ___ = ___

James 带了 _____ 辆卡车。

4. Jane吃午饭前抓了五条鱼。
   午餐后，她又抓了一些。
   一天结束时，她有9条鱼。
   她午饭后抓了几条鱼？

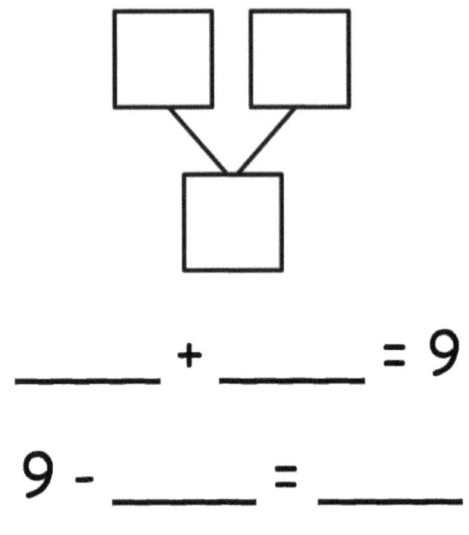

___ + ___ = 9

9 - ___ = ___

Jane 午饭后抓了 _____ 条鱼。

姓名 _____   日期 _____

绘画并标签一个图片数字链以解决问题。

Toby收集贝壳。星期一，他发现了6个贝壳。在星期二，他发现了更多贝壳。Toby共找到9个贝壳。Toby星期二找到了几枚贝壳？

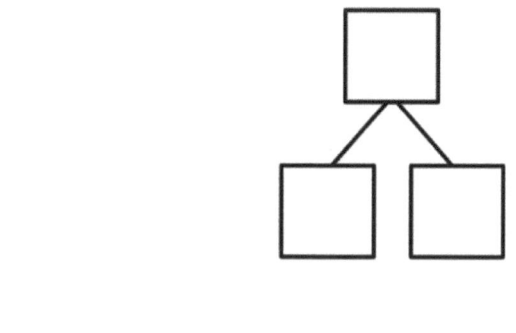

____ + ____ = ____

____ - ____ = ____

Toby 在星期二找到了 _____ 个贝壳。

| 单位的故事 | 第三十一课应用问题 | 1•1 |

读

Shanika在屋顶上看见了5只鸽子。更多的鸽子飞到屋顶上。然后,她数了8只鸽子。有几只鸽子飞过?

写一个数字链以及加法和减法算式以匹配故事。框起您的算式中的解决方案,并附上陈述以回答问题。

画

第三十一课: 用图画解决减去但改变未知的数学故事。

写

单位的故事　　　　　　　　　　　　　　　　　　　　　　　　　第三十一课问题集　1•1

姓名 _____　　　　日期 _____

画一个数学图并圈起您知道的部分。划掉未知部分。

完成算式和数字链。

1. Kate做了7个饼干。Bill吃了一些。现在，Kate有5个饼干。比尔吃了多少饼干？

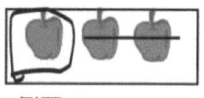
例题：3 - 1 = 2

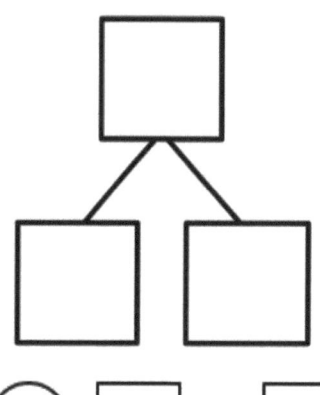

比尔吃了 ____ 个饼干。

2. 星期一，Tim有八支铅笔。周二，他丢了一些铅笔。在星期三，他有4支铅笔。Tim丢了几支铅笔？

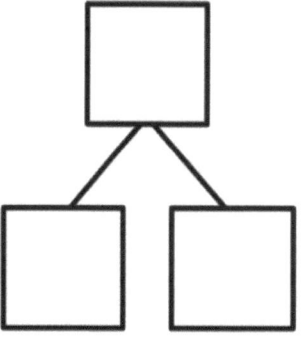

蒂姆丢了 ____ 支铅笔。

第三十一课：　用图画解决减去但改变未知的数学故事。　　　　211

3. 一家商店的架子上有6件衬衫。现在，架子上有2件衬衫。卖了几件衬衫？

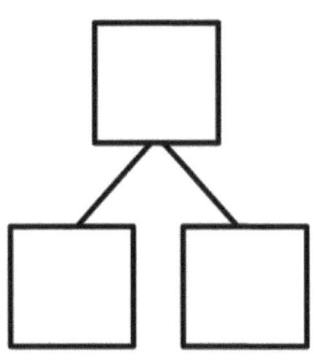

卖了 _____ 件衬衫。

4. 公园里有9个孩子。一些孩子进去房子了。五个孩子留下来了。有几个孩子进去房子了？

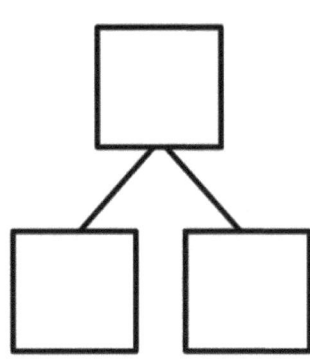

有 _____ 个孩子进去房子了。

单位的故事

姓名 _____ 日期 _____

画一个数学图,并圈起您知道的部分。划掉未知部分。完成算式和数字链。

Debbie 吹了9个气球。一些气球爆破了。剩下三个气球。有几个气球爆破了?

有 _____ 个气球爆破了。

□ − □ = □

第三十一课: 用图画解决减去但改变未知的数学故事。

读

纸箱中有8个果汁盒。一些孩子喝果汁。现在，只有5个果汁盒。他们从纸箱中拿了多少个果汁盒？

制作一个数字链。写下一个减法算式和一个陈述来匹配这个故事。框起您的算式中的解决方案。制作一个数学图以展示您是如何知道的。

单位的故事

画

写

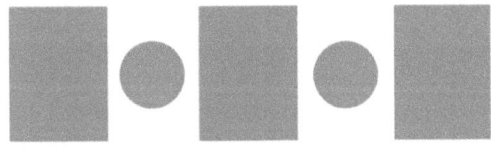

第三十二课： 解决加数未知的相加/分解数学故事。

姓名 _____ 日期 _____

解题。使用简单的数学绘图来展示如何通过加减法求解。标记数字链。

1.

有5个苹果。

四个是Sam的。

剩下的就是Jim的。

Jim有几个苹果?

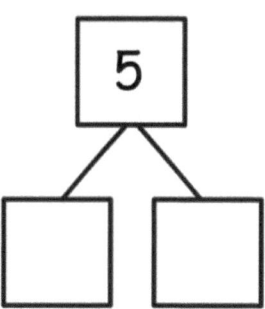

Jim 有 _____ 个苹果。

 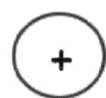 

2.

有8个蘑菇。有五个是黑色的。其余为白色。
白色的蘑菇有多少?

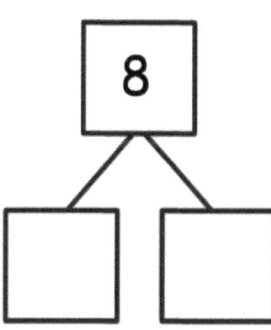

_____ 个蘑菇是白色的。

第三十二课: 解决加数未知的相加/分解数学故事。

使用数字链来完成算式。使用简单的数学图讲数学故事。

3.

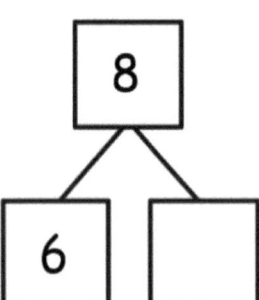

___ + ___ = 8

8 - ___ = ___

4.

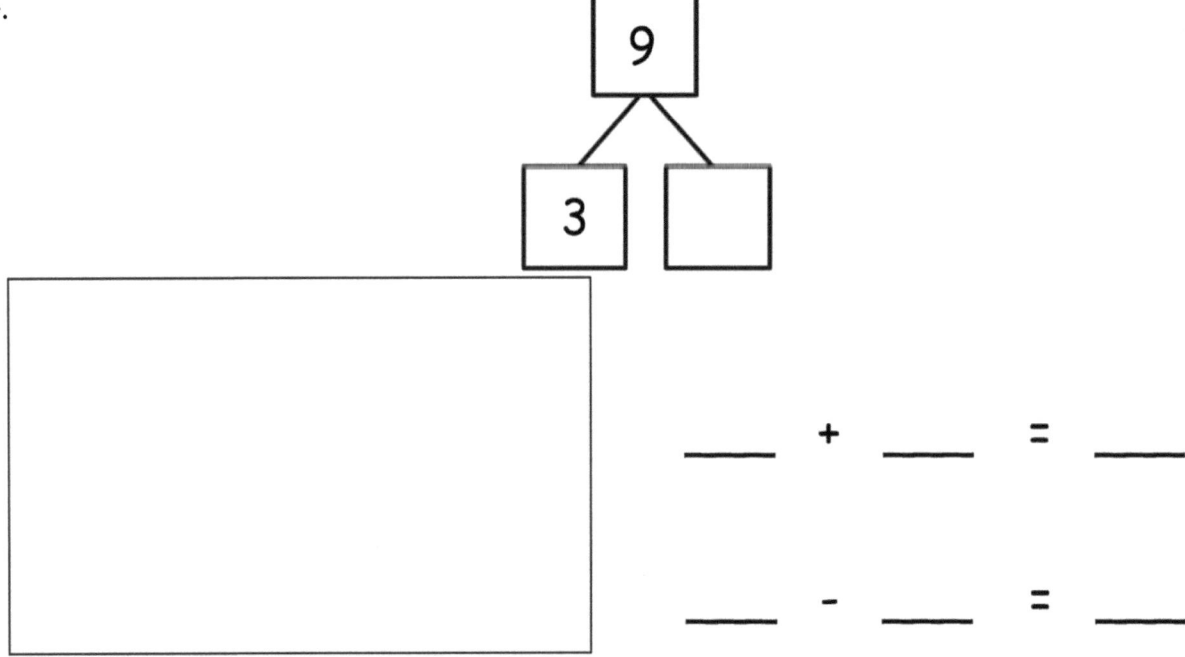

___ + ___ = ___

___ - ___ = ___

姓名 _____   日期 _____

阅读数学故事。画一个数学图来解题。

Glenn有9支笔。有五支是黑色的。其余的是蓝色的。几支笔是蓝色的?

_____ 支笔是蓝色的。

_____ - _____ = _____   _____ + _____ = _____

第三十二课： 解决加数未知的相加/分解数学故事。

读

九个孩子在外面玩。一个孩子在秋千上,其余的在玩抓人游戏。有几个孩子在玩抓人游戏?

写一个数字链和算式。画一个数学图来展示您是如何知道的。

画

写

有 ▢ 个孩子在玩抓人游戏。

姓名 _____ 日期 _____

如果需要，可以划掉来减去。

1. ●●●●● ○

    6 - 1个 = _____

2.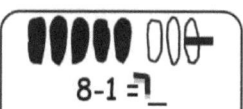
   ●●●● ○

    6 - 0 = _____

如果需要，请为上述每个问题制作一个5组绘图。显示减法。

3.

    7 - 1 = _____

4.

    7 - 0 = _____

5.

    10 - 1 = _____

6.

    10 - 0 = _____

7.

    8 - 1 = _____

8.

    8 - 0 = _____

9.

    9 - 1 = _____

10.

    9 - 0 = _____

如果需要,可以划掉来减去。

11.

6 - 1 = _____

12.

8 - 1 = _____

13.

9 - 0 = _____

减法。

14. 7 - 1 = _____   15. 8 - 0 = _____   16. 9 - 1 = _____

17. 填写缺少的数字。可视化您的5组来帮助您。

a. 6 - 0 = _____   b. 6 - 1 = _____

c. 7 - _____ = 7   d. 7 - 1 = _____

e. 8 - 0 = _____   f. 8 - _____ = 7

g. 9 - _____ = 9   h. 9 - 1 = _____

i. 10 - _____ = 10   j. 10 - _____ = 9

单位的故事

第三十三课退出票 1•1

姓名 _____   日期 _____

完成算式。如果需要，可以使用5组图来显示减法。

1.

9 - 1 = _____

2.

8 = _____ - 0

3.

8 = _____ - 1

4.

10 = 10 - _____

第三十三课：用图画建模减 0 和减 1 并作为减法算式。

读

八十三个珠子洒在地板上。一个学生拿起1个小珠。地板上还有几颗珠子？写一个数字链、算式和陈述以共享您的解决方案。

扩展： 如果第二个孩子又捡起10个珠子，那么地板上还会剩下多少个珠子？使用数字链来展示您是如何知道的。

画

写

第三十四课： 用图画建模 $n-n$ 和 $n-(n-1)$ 并作为减法算式。

姓名 _____   日期 _____

划掉来减去。

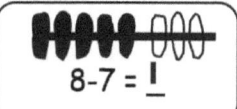
8-7 = 1

1. ●●●●● ○

    6 - 6 = _____

2. ●●●●○

    6 - 5 = _____

减法。像上面的一样,为每个绘制数学图。

3.

    7 - 7 = _____

4.

    7 - 6 = _____

5.

    10 - 10 = _____

6.

    10 - 9 = _____

7.

    8 - 8 = _____

8.

    8 - 7 = _____

9.

    9 - 9 = _____

10.

    9 - 8 = _____

如果需要,可以划掉来减去。

11. 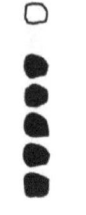　　　　12. 　　　　13.

　　6 - 6 = _____　　　　8 - 8 = _____　　　　9 - 8 = _____

减法。像上面的一样,为每个绘制数学图。

14.　　　　　　　　15.　　　　　　　　16.

　　7 - 7 = _____　　　　8 - 7 = _____　　　　9 - 9 = _____

17. 填写缺少的数字。可视化您的5组来助您。

　　a. 6 - 6 = _____　　　　b. 6 - 5 = _____

　　c. 7 - _____ = 0　　　　d. 7 - 6 = _____

　　e. 8 - 8 = _____　　　　f. 8 - _____ = 1个

　　g. 9 - _____ = 0　　　　h. 9 - 8 = _____

　　i. 10 - _____ = 10　　　j. 10 - _____ = 1个

姓名 _____ 日期 _____

制作5组图来以显示减法。

1.

9 - _____ = 1

2.

0 = 10 - _____

3.

1 = _____ - 7

4.

0 = _____ - 9

读

老师今天在地板上洒了18个珠子。一个学生拿起17个珠子。地板上还剩下几颗珠子?

写一个数字链、算式和陈述以共享您的解决方案。

扩展: 如果那17个珠子是由两个学生捡起来的,那么每个学生可以捡到多少个珠子? 制作一个数字链以显示您的解决方案。

画

写

_____

_____

_____

姓名 _____　　　　　　日期 _____

解决这些算式集。寻找容易划掉的群组。

1.　　　　　　　　2.　　　　　　　　3.

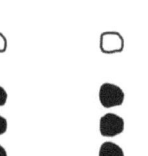
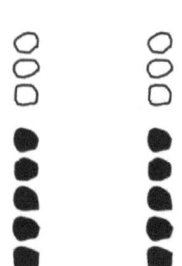
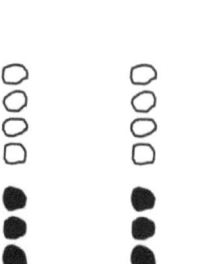
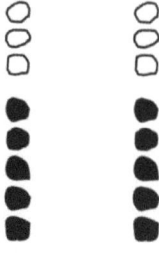

6 - 5 = ___　　　　8 - 3 = ___　　　　9 - 4 = ___

6 - 1 = ____　　　　8 - 5 = ___　　　　9 - 5 = ___

减法。为每一个与上述类似的问题绘制一个数学图。写一个数字链。

4.　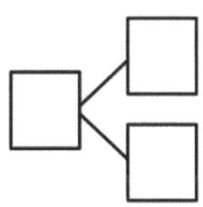　　　　5.　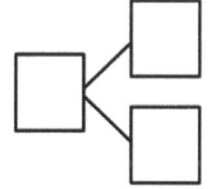

7 - 5 = ___　　　　　　　　10 - 5 = ___

7 - 2 = ___

第三十五课： 把涉及五和加倍的减法事实与相应的分解相关联。

6. 解题。可视化您的5组来帮助您。

   a. 7 - 5 = ___   b. 7 - ___ = 5   c. 8 - 3 = ___

   d. 9 - ___ = 4   e. 9 - ___ = 5   f. 8 - ___ = 3

完成每个问题的数字链和算式。

7. 4 - 2 = ___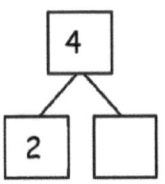

8. 6 - 3 = ___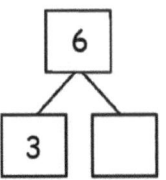

9. 10 - 5 = ___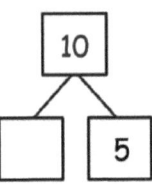

10. 8 - 4 = ___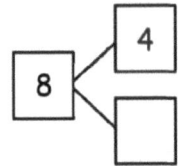

11. 8 - 4 = ___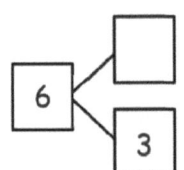

12. 6 - 3 = ___

13. 完成下面的算式。圈出可以提供帮助的策略。

   a. 7 - 5 = ___   [5-组]   [加倍]

   b. 7 - 2 = ___   [5-组]   [加倍]

   c. 8 - 4 = ___   [5-组]   [加倍]

   d. 8 - 3 = ___   [5-组]   [加倍]

   e. 8 - 5 = ___   [5-组]   [加倍]

   f. 10 - 5 = ___ [5-组]   [加倍]

单位的故事　　　　　　　　　　　　　　　　　　　　第三十五课退出票　　1•1

姓名 _____　　日期 _____

解决算式。制作一个数字链。

画一幅画或写一份有关对您有帮助的策略的陈述。

> 加倍帮我解决了！
>
> 6 − 3 = 3

1. ___ − 5 = 5　　　2. 8 − ___ = 4　　　3. 9 − ___ = 4

第三十五课：　把涉及五和加倍的减法事实与相应的分解相关联。

读

地板上有10个珠子。红色珠子的数量与白色珠子的数量相同。一个学生捡起了白色的珠子。地板上还有几颗珠子？

编写数字链、算式和陈述以共享您的解决方案。绘制一个数学图以展示您是如何知道的。

画

写

_____

_____

_____

第三十六课： 把从 10 减去与相应分解相关联。

姓名 _____   日期 _____

解决算式集。划掉5组。
使用第一个算式来帮助您解决下一个算式。

1. 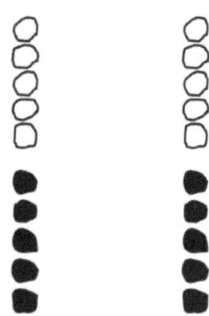   2. 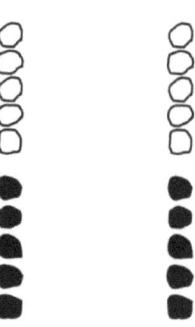   3.

10 - 9 = ___   10 - 6 = ___   10 - 3 = ___

10 - 1 = ___   10 - 4 = ___   10 - 7 = ___

制作数学图并解题。

4.   5.   6.

10 - 4 = ___   10 - 5 = ___   10 - 8 = ___

10 - 6 = ___   10 - 2 = ___

减去。然后，写下相关的减法算式。
如果需要，可以做一个数学图，并为每个数字完成一个数字链。

7.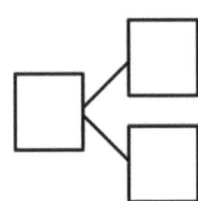

   10 - 8 = ___

   _____

8.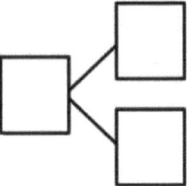

   10 - 9 = ___

   _____

9.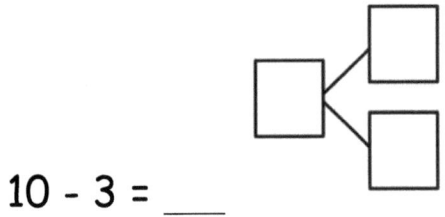

   10 - 3 = ___

   _____

10.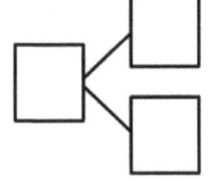

    10 - 6 = ___

    _____

11. 填写缺少的部分。写下两个匹配的减法算式。

a. 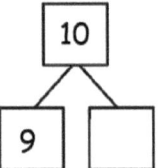   _____

   _____

b.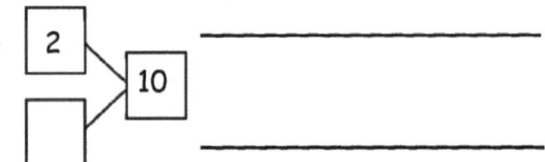

c. 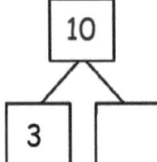   _____

   _____

d. 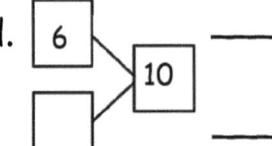   _____

   _____

e. 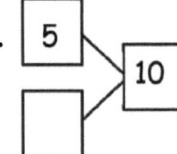 _____

   _____

单位的故事　　　　　　　　　　　　　　　　　　　　　第三十六课退出票

姓名 _____　　日期 _____

填写缺少的部分。如果需要，绘制数学图。写下两个匹配的减法算式。

1.　　　10
　　　／　＼
　　　7　　☐

_____

_____

2.　　　10
　　　／　＼
　　　2　　☐

_____

_____

3.　　　10
　　　／　＼
　　　4　　☐

_____

_____

第三十六课：　把从 10 减去与相应分解相关联。

读

地板上有10个珠子。一个学生捡起了一些珠子,但把其他珠子留在地板上。写一个与这个故事相匹配的数字链和算式。

扩展: 还有哪些数字链和算式可以匹配这个故事?尝试列出所有可能性。

画

写

_____

_____

_____

第三十七课： 把从 9 减去与相应的分解相关联。

姓名 _____ 日期 _____

解决算式集。划掉5组。写下将具有相同数字链的相关减法算式。

1.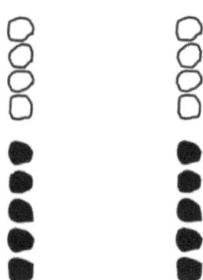

9 - 8 = ___

9 - 1 = ___

2.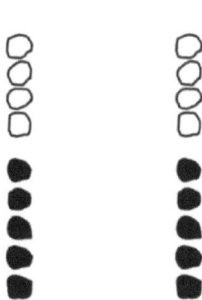

9 - 7 = ___

_____

3.

9 - 9 = ___

_____

制作5组图。解决并写下具有相同数字链的相关减法算式。划掉展示。

4.

9 - 6 = ___

_____

5.

9 - 4 = ___

_____

6.

9 - 3 = ___

_____

减去。然后,写下相关的减法算式。

如果需要,可以做一个数学图,并完成一个数字链。

7.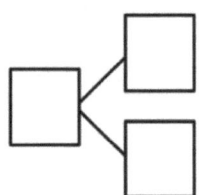

9 - 5 = ___

_____

8.

9 - 8 = ___

_____

9.

9 - 7 = ___

_____

10.

9 - 3 = ___

_____

11. 填写缺少的部分。写下两个匹配的减法算式。

a.

b.

c.

d.

c.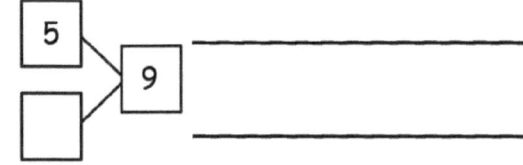

单位的故事　　　　　　　　　　　　　　　　　　　第三十七课退出票　1•1

姓名 _____　　　　　日期 _____

填写缺少的部分。如果需要，绘制数学图。写下两个匹配的减法算式。

1.　9 / 7 ☐　　　　　2.　9 / ☐ 3　　　　　3.　9 / 4 ☐

_____　　　_____　　　_____

_____　　　_____　　　_____

第三十七课：　把从 9 减去与相应的分解相关联。

读

Jessie 和 Carl 在比较他们捡起的珠子。Jessie 捡起了 9 颗珠子。其中 5 颗是红色的，其余是白色的。Carl 捡起了 5 颗红色珠子和 4 颗白色珠子。Carl 说，他们有相同数量的白色珠子。Carl 正确吗？

画出并标记你的作法以表示你的想法。

画

单位的故事 第三十八课应用问题

写

_____

_____

_____

第三十八课： 使用加法表解决减法问题并寻找和使用重复的推理和结构。

单位的故事 第三十八课问题集 1•1

姓名 _____ 日期 _____

选择一个减法卡。

在图表上找到相关的加法事实并将其加阴影。

写出减法算式和一个数字链以匹配。

继续至少6次。

1+9									
1+8	2+8								
1+7	2+7	3+7							
1+6	2+6	3+6	4+6						
1+5	2+5	3+5	4+5	5+5					
1+4	2+4	3+4	4+4	5+4	6+4				
1+3	2+3	3+3	4+3	5+3	6+3	7+3			
1+2	2+2	3+2	4+2	5+2	6+2	7+2	8+2		
1+1	2+1	3+1	4+1	5+1	6+1	7+1	8+1	9+1	
1+0	2+0	3+0	4+0	5+0	6+0	7+0	8+0	9+0	10+0

第三十八课: 使用加法表解决减法问题并寻找和使用重复的推理和结构。

在你的加法表上，把一个空格涂成橙色。把关联的减法事实写在数字链下方的空格。把所有总和涂成橙色。

1. _____ - _____ = _____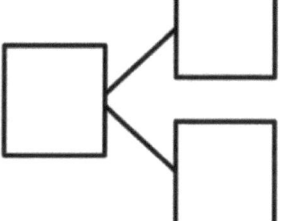

2. _____ - _____ = _____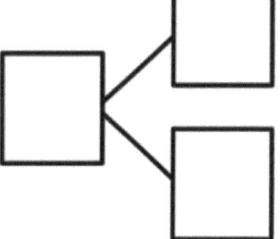

3. _____ - _____ = _____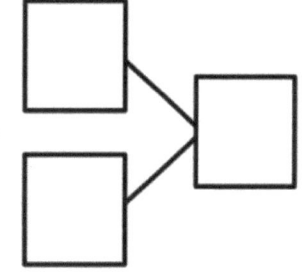

4. _____ = _____ - _____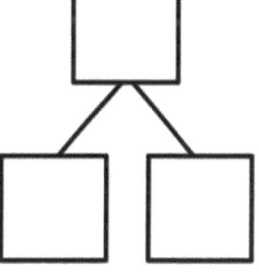

5. _____ = _____ - _____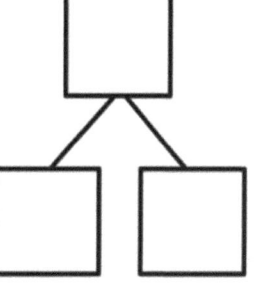

姓名 _____ 日期 _____

写下与数字链相关的算式。

1.

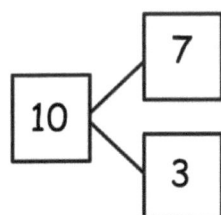

2.

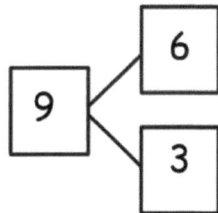

____ − ____ = ____   ____ − ____ = ____

____ + ____ = ____   ____ + ____ = ____

____ ◯ ____ = ____   ____ ◯ ____ = ____

____ ◯ ____ = ____   ____ ◯ ____ = ____

									1+9
								1+8	2+8
							1+7	2+7	3+7
						1+6	2+6	3+6	4+6
					1+5	2+5	3+5	4+5	5+5
				1+4	2+4	3+4	4+4	5+4	6+4
			1+3	2+3	3+3	4+3	5+3	6+3	7+3
		1+2	2+2	3+2	4+2	5+2	6+2	7+2	8+2
	1+1	2+1	3+1	4+1	5+1	6+1	7+1	8+1	9+1
1+0	2+0	3+0	4+0	5+0	6+0	7+0	8+0	9+0	10+0

第二十一课的加法图表

读

John 有 10 支铅笔。Mark 有 9 支铅笔。Anna 有 8 支铅笔。他们分别弄丢了 2 支铅笔。现在他们每个人有几支？写一个每个学生的数字链和算式。

画

写
_____
_____
_____

单位的故事　　　　第三十九课问题集　1•1

姓名 _____　　日期 _____

研究加法表以解决和编写相关问题。

1 + 9									
1 + 8	2 + 8								
1 + 7	2 + 7	3 + 7							
1 + 6	2 + 6	3 + 6	4 + 6						
1 + 5	2 + 5	3 + 5	4 + 5	5 + 5					
1 + 4	2 + 4	3 + 4	4 + 4	5 + 4	6 + 4				
1 + 3	2 + 3	3 + 3	4 + 3	5 + 3	6 + 3	7 + 3			
1 + 2	2 + 2	3 + 2	4 + 2	5 + 2	6 + 2	7 + 2	8 + 2		
1 + 1	2 + 1	3 + 1	4 + 1	5 + 1	6 + 1	7 + 1	8 + 1	9 + 1	
1 + 0	2 + 0	3 + 0	4 + 0	5 + 0	6 + 0	7 + 0	8 + 0	9 + 0	10 + 0

选择一个减法卡。

在图表上找到相关的加法事实并将其加上阴影。

写下减法算式，并给加法算式加上阴影。

写下其他两个相关事实。

继续至少4次。

第三十九课：　分析加法图以创建相关的加法和减法事实集。

263

选择一个表达式卡,并写下使用相同的部分和总数的 4 个问题。在总结上涂橙色阴影。

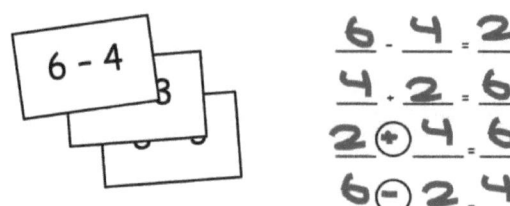

1. ____ − ____ = ____

   ____ + ____ = ____

   ____ ◯ ____ = ____

   ____ ◯ ____ = ____

2. ____ − ____ = ____

   ____ + ____ = ____

   ____ ◯ ____ = ____

   ____ ◯ ____ = ____

3. ____ − ____ = ____

   ____ + ____ = ____

   ____ ◯ ____ = ____

   ____ ◯ ____ = ____

4. ____ − ____ = ____

   ____ + ____ = ____

   ____ ◯ ____ = ____

   ____ ◯ ____ = ____

姓名 _____ 日期 _____

为数字链写相关的算式。

1.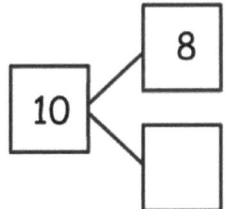

___ - ___ = ___

___ + ___ = ___

___ ◯ ___ = ___

___ ◯ ___ = ___

2.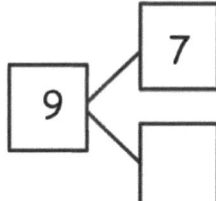

___ - ___ = ___

___ + ___ = ___

___ ◯ ___ = ___

___ ◯ ___ = ___

单位的故事

第三十九课模板 1•1

1+9									
1+8	2+8								
1+7	2+7	3+7							
1+6	2+6	3+6	4+6						
1+5	2+5	3+5	4+5	5+5					
1+4	2+4	3+4	4+4	5+4	6+4				
1+3	2+3	3+3	4+3	5+3	6+3	7+3			
1+2	2+2	3+2	4+2	5+2	6+2	7+2	8+2		
1+1	2+1	3+1	4+1	5+1	6+1	7+1	8+1	9+1	
1+0	2+0	3+0	4+0	5+0	6+0	7+0	8+0	9+0	10+0

附加图；来自第 21 课

第三十九课： 分析加法图以创建相关的加法和减法事实集。

铭谢

Great Minds®竭尽全力获得转载所有版权教材的许可。如有任何版权材料的拥有人未在此获得认可,请联系 Great Minds,以在未来的版本以及本模块的重印中获得正确的认可。

Printed by Libri Plureos GmbH in Hamburg, Germany